儿童的心理成长与引导

U0733986

[奥]阿尔弗雷德·阿德勒◎著

朱吉亮◎编译

中国纺织出版社有限公司

内 容 提 要

每一个儿童的成长都会伴随这样那样的问题，而成人是否能了解孩子需求、是否能把握孩子的心理成长规律、能否给出孩子恰如其分的引导，决定了孩子能否顺利、健康、快乐地成长。

本书从阿尔弗雷德·阿德勒的个体心理学的角度，运用心理学方法，从儿童人格具有整体性的角度，帮助我们剖析孩子的性格、行为特点，以帮助我们更好地走进孩子的内心世界，并对儿童在成长过程中遇到的各种问题给予心理学建议，希望能对父母和孩子都有所帮助。

图书在版编目（CIP）数据

儿童的心理成长与引导／（奥）阿尔弗雷德·阿德勒著；朱吉亮编译. ––北京：中国纺织出版社有限公司，2020.9（2021.7重印）
ISBN 978-7-5180-7694-9

Ⅰ.①儿… Ⅱ.①阿… ②朱… Ⅲ.①儿童心理学
Ⅳ.①B844.1

中国版本图书馆CIP数据核字（2020）第139288号

责任编辑：张 宏　责任校对：高 涵　责任印制：储志伟

中国纺织出版社有限公司出版发行
地址：北京市朝阳区百子湾东里A407号楼　邮政编码：100124
销售电话：010—67004422　传真：010—87155801
http://www.c-textilep.com
中国纺织出版社天猫旗舰店
官方微博http://weibo.com/2119887771
三河市延风印装有限公司印刷　各地新华书店经销
2020年9月第1版　2021年7月第2次印刷
开本：880×1230　1/32　印张：7
字数：98千字　定价：39.80元

前言

儿童的教育问题一直是牵动家长和学校教育工作的神经的重要问题，有人认为，我们可以完全让儿童按照自己的意愿去成长和自我完善，进而养成接近成人的文明规范，事实上，这是太理想化的想法，任何一名儿童的成长都离不开成人的关注和引导。所以，成人如果对儿童教育问题一窍不通是悲哀的。要知道，成人要想了解和认识自己、深度剖析自我，已经是很难的事了，更别说指导儿童了。

事实上，在儿童成长的过程中，我们需要关心的不仅仅是他们身体上的成长，还有心理成长，这一问题越来越被重视。这里，我们不得不提到个体心理学及其创始人阿尔弗雷德·阿德勒，他出生于奥地利维也纳近郊的一个米商家庭，早年曾在维也纳大学学医，获博士学位，一生从事心理学研究。他刚开始时追随弗洛伊德，后与弗洛伊德分道扬镳，创立了一个新的心理分析学派，即以"自卑情结"为中心的个体心理学派。其主要著作有：《自卑与超越》《人性的研究》《个人心理学的理论与实践》《自卑与生活》等。

在他的《自卑与超越》中，阿德勒从个体心理学出发，阐明了人生道路的选择和人生的意义。阿德勒的观点对后来心理学的发展影响颇大，许多著名心理学家如阿尔伯特、勒温、马斯洛都对他与他的观点表示了好感。阿德勒被誉为个体心理学创始人、人本主义心理学的先驱、现代自我心理学之父，他是精神分析学派内部第一个反对弗洛伊德的心理学体系的人，他的研究由生物学定向的本我转向社会文化定向的自我心理学，对后来西方心理学的发展具有重要的意义。

阿德勒认为，每个人都有不同程度的自卑感，因为没有一个人对其现实的地位感到满意，对优越感的追求是所有人的通性。然而，并不是人人都能超越自卑。超越自卑的关键在于正确对待职业、社会和性，在于正确理解生活。那些自幼就有器官缺陷或被娇纵、被忽视的儿童，在以后的生活中容易走上错误的道路。家长和教师应培养他们对别人、对社会的兴趣，使他们真正认识到"奉献乃是生活的真正意义"。这样，他们就能够从自卑走向超越。

个体心理学很关注儿童的心理健康问题，这不仅对于我们的研究活动十分有意义，还能在我们研究儿童心理和人格的时候，反过来帮助我们认识成人的心理和性格。并且，个体心理学主张将理论和实践结合起来，十分注重人格的整体性。因此，可以说，个体心理学是一门实践学科，只要我们掌握其中的方法，那么，无论你是心理学家、父母、朋友还是个体本身，都能随即把它运用到对人格整体性的指导实践中去。

在个体心理学看来，有必要从儿童的角度考察个体的社会意识。因为，一旦儿童产生了生活问题，他就会立即展现出自己对生活的态度，即他在实际生活中是否有社会意识或社会情感，是否有勇气和理解能力，以及对社会是否是积极有益的等，就展露无遗了。此时，我们尝试发现他积极向上的方式，以及帮助其发展有益的社会意识和对自卑感的良性超越，而这几个部分都是相互关联、有机统一、难以攻破的，直到我们发现个体的人格能完全重新构建为止。

此时，为了让我们成人对儿童的教育少走点弯路，我们编译了这本《儿童的心理成长与引导》。它不仅适用于那些为儿童教育而头疼的家长，也同样能帮助学校教育工作者。它从个体心理学的角度，对儿童的一些行为和问题进行专业的解答与分析，帮你真正走进儿童的内心，帮助你读懂你的孩子，进而引导你的孩子从小快乐健康地学习和成长，长大后成为一个积极上进、身心健康的社会人，进而拥有自己幸福、美好的人生。

编译者

2020年6月

目录

第 01 章

认识你的孩子，关注并引导儿童的心理发展至关重要

　　有人说，成长是一个美妙的过程，而对于教育者来说，这个过程却是艰辛而忙碌的。父母要想帮助孩子健康快乐地成长，光靠管束和告诫是行不通的，光靠给孩子提供良好的物质基础也是不够的。个体心理学创始人阿尔弗雷德·阿德勒认为，教育问题是自我知觉和理性的自我引导，做到这一点，就需要我们重新认识孩子，关注孩子的心理成长并逐渐建立起亲子间互相联系的"精神脐带"，不断地给孩子输送父母的爱。

教育问题是自我知觉和理性的自我引导

现代社会，越来越多的家长认识到在儿童教育中要赞美和鼓励孩子，而不是批评、指责、埋怨孩子。因为鼓励和赞美才能带给孩子自信和力量，批评、指责、埋怨只是在发泄情绪，伤害孩子的心灵。

事实上，这也正是个体心理学创始人阿尔弗雷德·阿德勒曾指出的"世界上没有问题儿童，只有缺少正确引导的'生活失败者'"。在《自卑与超越》中，他把教育问题归结为两个方面：

一方面，所有儿童都具有与生俱来的自卑感和欠缺感，无论他们属于被溺爱，被严格管教或两者兼而有之的类型，自卑感都存在，而他们追求优越感，也是因为自卑。然而，在追求优越感的过程中，如果他们屡屡受阻，或者因为身体缺陷而承受的压力达到他们无法承受的地步时，自卑感也就产生了。此时的自卑感已经达到了一种过度的地步，它会促使他们追求那些能轻易获得的补偿，以及表面上的心理满足，而且，过度的自卑感放大了困难，让他们没有勇气克服。

另一方面，社会情感是儿童正常发展的晴雨表。因为孩子在学校首先会与他人接触，接触中遭遇失败会让他们回避有益的途径和任务，选择违反社会规范的个人小径，所以问题儿童在学校的失败其实是其心理的失败。

孩子在学校，无论是学习语言，还是培养逻辑能力，社会情感都起到了无法代替的作用。社会情感给予我们每个人安全感，而且这种安全感，是我们能感受到的，也对我们的生活起到了决定性的作用，它与经过逻辑思维推理和真理上获得信任感不同，但却是信任感最明显的构成。

我们看到一些孩子在学校时，无法顺利地与他人一起完成某个任务，这就能看出他们缺乏社会情感和信任。另外，如数学或其他科目的学习中，也能明显感觉他们缺乏安全感。个体在幼年接收到的关于情感、道德、伦理等观念，通常都不是全面的，而那些远离世俗、远离社会群体的人，其关于人类伦理的观点也是我们无法想象的。

为此，阿尔弗雷德·阿德勒认为，教育问题总结起来就是：自我知觉和理性的自我引导。

不难看到，我们总在讨论的"问题儿童"也是由于自卑感激发的追求优越感的另类表现。一部分孩子如果在学业上无法得到认可，为了支配他人，用自己的能量控制周围，他们会变得顽皮捣蛋，企图获得关注，显示自己敢于挑战学校制度的优越感，并为此自鸣得意。但一些儿童在后期的引导中，不良表现可能会逐渐消减。

另一类孩子沉默寡言，对知识、纪律和批评无动于衷。这类孩子他们不相信自己能通过一般的途径取得成功，因此回避所有可以获得提高和进步的机会。

无论是父母，还是教育工作者，首先要赢得孩子的信任，这是了解他们的个性特点的关键一步。不批评，以孩子能理解的方式客观讨论他们的问题，以及问题的产生原因和阻碍他们发展的想法。此外，"问题儿童"之间相互的评价和合作也可以促进他们社会情感的正常化。这一切都只有父母和教师长期、耐心的功夫才能指导他们的心灵达到更高的目标。

要帮助这些孩子改变现状，第一步就是鼓励他们，给他们勇气，让他们相信自己。第二步是要富有同情心，与孩子建立友好的关系，让他们感到被关爱和理解。这些都很有意义，但还远远不够。我们还必须在已经建立的友好关系上，鼓励孩子不断取得成就。我们培养的目的是为了让孩子对自己的精神和身体力量充满信心，相信自己能够通过有意义的方法，勤勤恳恳、坚持不懈地取得成就。

所有的儿童都有与生俱来的自卑感

我们每个人都是独立存在的个体，都在自己的人生道路上探索，但无论是谁都逃不开三大问题，这三个问题涉及到我们生活的方方面面，也让我们不得不重视，接下来，我们就来逐一分析这三个问题。

第一，我与地球：地球是人类的栖息地，我们生活在地球上。

地球是我们的母亲，我们能生活在地球上，就是依靠地球的资源，所以，我们要善待和感恩地球，要珍惜和保护地球不可再生的资源。同时，我们也要关注自身，发展自身，让我们在地球上延续生命。只有这样，我们人类和地球才能和谐发展、共生共存。这是我们整个人类都要面对的问题。我们所有的行为，都会对人类生存状况产生影响，因此，我们需要知道哪些事情是适当的，有希望的，不合适的，或者错误的，但无论是哪一种，都基于一个事实：我们是地球上的人类。

所以，我们现在谈到的是关系未来全人类的问题，也许答案并不完美，但是我们会努力寻找，不过，我们还是要强调，我们的一举一动都与地球有着密不可分的关系。

第二，我与他人：与他人携手共进才是明智之举。

人都是社会和集体的人，没有谁是独立存在的，都要与周围的人发生联系，这是由人的社会属性决定的。我们不可能孤单地生活，独自面对所有，因为选择孤独就相当于选择了死亡。

你不与人联合，不仅难以保障基础的生活，甚至连生存都难以为继。

所以，我们在探究生命意义的过程中，一定要考虑到这一问题：我们与他人是相互联系的，无法独自面对所有事，所以与他人携手共进才是明智之举。

第三，我与他/她：婚恋问题。

人类有两种生理性别：男和女。无论是个体，还是社会，要维系下去就不能忽视这一问题，无论是谁，都不可能绕开这一问题。

在面对这个问题时，你的态度就是问题的答案。

以上是我们要面临的三个问题，接下来我们引申出了另外三个问题：

1. 我们赖以生存的地球的资源是有限的，如何才能让资源永存？

2. 在人际关系中，我们如何运用最佳的方法找到最佳状态的自己？怎样与人合作，达成自己的目标？

3. 如何调整自我，以理解两性问题以及处理两性问题？

心理学家发现，我们的个体面临的所有问题，都可以归结为三个问题：职业、社会与性。每个人对这些问题的态度，正是他对生命意义的解读。

如果一个人事业无成、感情波折、社交痛苦，那么，我们大致可以推断出他过得艰难，怀才不遇、危机四伏、常常有挫败感，因此他会产生这样消极的想法：只有将自己封闭起来，才能免受伤害。

相反，假如一个人事业有成、爱情顺利、左右逢源，那么，他就有成就感，认为自己能攻克各种难关，所以，可以说我们对生命的态度，也来自于我们的体验，来自于我们对三大问题的体验。

同样，从这三大问题，也引起了我们的三大约束，其实就是儿童自卑感的源头。

第一大约束：我们只能居住在小小的地球上，我们的发展必然会受到环境的限制。

第二大约束：我们是地球上最弱小的居住者，没有狮子和大猩猩那样强壮，也不能像其他动物一样能够独自解决生存问题。

第三大约束，人类是由男女两性构成的，一般来说，男性离不开女性，女性也离不开男性。我们总是害怕自己身上的那种自卑感，但阿德勒却认为，有自卑感并不是一件坏事，因为人类文明的一次次进步正是一次次战胜自卑感后的成果。

相反，如果我们能够通过自卑感看见自己的弱点和缺陷，并想方设法弥补，这个弥补的过程，也将成为文明创建的过程。比如由于身体不如很多动物强壮，难抵寒冷，人类学会了修建房屋、制作衣服。

我们真正害怕的，其实是被自卑感淹没，如果我们不能从中走出来，就会让内心乃至整个生活陷入危机。为了防止被自卑感淹没，很多人会选择利用优越感达到心理的平衡。

如果说自卑感是一种"觉得自己比别人低下"的感觉，那么优越感就是"觉得自己高人一等"。但正如阿德勒在《自卑与超越》中所说："每一个看似高人一等的表现背后，都藏着自卑感。"人只要感到自卑，就会不遗余力去追求优越感，这是人的本性，也是阿德勒个体心理学的基石。

追求优越感有两种方式，一种是在幻想中确立优越感。这看似是一条捷径，能够快速让人达到心理平衡，实际上却会将人引向歧途。比如，看到一个某方面强于我们的人，我们在自卑之后，往往会通过嘲笑、打击和贬低对方的方式，在心理上寻求一种优越感，实现心理的平衡。另一种是获得优越感的途径，就是选择欺负幼小的孩子，或者反过来向他们示好来展现自己的优越感。

事实上，追求优越感本身没有问题，问题在于追求的方式。

如果说自卑的根源是找不到自己的位置，那么在合作中体会到的优越感，则能让人们实现自我定位。在合作中追求优越感，为人类文明的推进提供了源源动力。

学会合作，为我们提升优越感提供了正确的奋斗方法，其影响会波及一生。那些没能学会合作的孩子，成年后无法充分发展自身的智力和能力，他们无法理解周围的人和整个世界，很容易成为神经症患者、酗酒者、罪犯或自杀者。

我们都活在社会中，通过合作来体会社会感，这不仅满足了我们对于优越感的需求，还让我们找到了生命的意义。

阿德勒认为，纯粹的个人，实际上是无意义的。唯一的意义，就是能对他人产生意义。每个人都想印证自己的价值，但个人价值必须建立在对他人有所贡献的基础上。正如诗人泰戈尔所说："我们只有献出生命，才能得到生命。"

因此，对于儿童教育，其社会情感和合作能力的培养至关重要，真正让孩子对自己之外的世界感兴趣，他才会认为自己的生命充满意义，才会以正确的方式超越自卑、寻求优越感。

被溺爱的儿童，始终觉得自己是中心

从心理学的角度看，每个孩子都是需要被关注的。家长忽略孩子的教育，最明显的影响就是孩子长大后会具有比较强的依赖性与攻击性。大量数据表明，这些心理扭曲的孩子中，一大部分是被溺爱的孩子。一些儿童之所以产生错误的认知，与家长的过度溺爱有一定的关系，这些孩子多半出生于经济较好的家庭，他们认为自己是家里的中心，认为不用付出就能获得想要的一切，认为自己与众不同，认为他人就应该为自己付出。这种想法很可怕，一旦孩子发现自己并不是独特的，他们就会产生很强烈的挫败感，甚至认为自己被世界抛弃了。

对于这些被溺爱的孩子来说，他们要什么有什么，他们也习惯了索取，很少考虑到他人的感受。他们没有认识到的是，成年以后，家长无法再保护他们，他们也需要与人合作、互助，他们总要学着自己长大，学会自己处理问题。

这些孩子在进入社会以后，很有可能会成为危险人群，表面上，他们会表现得很友好，但是只要有机会，他们就有可能攻击别人。他们很难与人合作，也不喜欢与人合作，但是只要周围的人对他们冷淡，他们就会把对方当成自己的仇敌。他们最讨厌被人看不起，他们希望所有人都站在自己这边，能帮助自己报复他人，当身边的人不支持自己时，他们不会反思，反而认为是他人的问题。

被溺爱的孩子，会扭曲别人的善意，会对抗他人，但无论是哪种表现形式，都表明了是他们对人生的认知出现了偏差，也许表现不同，但他们的思想从本质上来说从未改变：他们要求别人以自己为中心，而如果他们不愿意改变自己，那么，他们就不会得到发展。同理，那些被忽视的儿童，也不会想到要与他人和谐互助。

所以，我们可以说，那些先天缺陷、被过分溺爱或者被忽视的孩子，容易在人生观上出现错误的认知，对于这些孩子来说，他们迫切需要得到他人的帮助，进而找到自己的人生意义。我们应该帮助他们建立对生命意义的正确理解。

在那些患有心理疾病的人身上，我们都能发现祖父母对他们溺爱的影子，这样，我们就能理解这些宠爱是如何导致他们童年出现困境的，这些孩子是祖父母的最爱，但是祖父母的宠爱也导致了他们的心理问题，祖父母要么无限制溺爱和纵容孩子，要么容易成为孩子之间争斗的导火索。比如，一个孩子会对另外一个孩子说："爷爷最喜欢的是我。"几个孩子中间，如果谁没有感受到来自老人的爱，那他就会感觉受到了伤害。

对于家里的老人，要让他们明白，孩子是一个独立的个体，不是任何人的玩具，要想让孩子健康地成长，就不能娇宠孩子。另外，也不能出现家庭问题时就搬出这些老人，如果年轻人和老人产生了矛盾，不要相互争辩，无论如何，不要将家里的孩子牵扯进去。

可见，我们的时代需要我们停止溺爱孩子，这并不意味着我们要停止喜欢他们，而是指我们要停止纵容宠溺他们，应当把他们当成朋友一样来对待。

对此，我们需要记住几点教养原则：

第一，不要在金钱上过于放纵孩子，也不要简单地说"这样不好，就那样""那样不行，那么就这样"。任何事情都是不断变化的，家长要用心去揣摩孩子的内心世界。无论孩子做对还是做错了事情，都要在尊重孩子的基础上提出合理建议。

第二，孩子需要适度的关爱，家长不用刻意期待孩子独立，而是要理解孩子，尤其要理解孩子内心的柔弱和对关爱的渴望。

第三，教育孩子形成一种艰苦朴实的生活作风。

另外，父母不仅要避免溺爱孩子，避免一味地给孩子描述现实的美好，更要避免用消极的态度告诉孩子世界多么现实。我们要做到的是，用客观公正的态度引领孩子，让孩子为未来做好准备，让孩子学会独立，能在未来社会中照顾自己，如果孩子没学会如何应对困难，那么，他将会努力避开各种困难，这样的孩子永远长不大，他的社交和社会圈子也会越来越小。

儿童心理发展的几个阶段

在儿童教育心理学上，有个著名的名词——"儿童心理发展"。儿童心理发展是指儿童从不成熟到成熟这一阶段所发生的积极的心理变化。换句话说，它是人对客观现实反映活动的扩大、改善、日趋完善和复杂化的过程。

在一定社会教育条件下，一定年龄阶段的大多数儿童总是处于一定的发展水平上，表现出基本相似的心理特点。这是因材施教的前提。个体的心理发展就是指个体从出生到成人再到老年的心理的发生、发展和变化的过程。

这里，"发展"一词有时与"发育""成长"交替使用，但含义并不完全等同，后者更多的是指身体、生理方面的生长成熟，而且主要意味着量的增长；而发展的含义指个体身心整体的连续变化过程，不仅是量的变化，更重要的是质的变化。

那么，儿童心理发展主要有哪些阶段呢?

从生理变化或种系演化规律进行的划分，如柏曼（L. Berman）按内分泌腺的发育优势的划分：①胸腺时期（幼年）；②松果腺时期（童年）；③性腺时期（青年）。

弗洛伊德以心理性欲发展为依据分为：①口欲期（1岁半以前）；②肛欲期（1岁半～3岁）；③性器期（3～6岁）；④潜伏期（6～11岁）；⑤生殖期（青春期）。

以智慧和认知结构的变化为依据进行的划分，首推皮亚杰的儿童智慧发展阶段论。即感知运动阶段（0～1岁、2岁）；前运算阶段（1、2～6、7岁）；具体运算阶段（6、7～11、12岁）；形式运算阶段（11、12～14、15岁）。

以儿童活动形式的转变为标准进行的划分，如苏联心理学家达维多夫的分期为：①直接情绪性交往活动（0～1岁）；②摆弄实物活动（1～3岁）；③游戏活动（3～7岁）；④基础学习活动（7～11岁）；⑤社会组织活动（11～15岁）；⑥专业学习活动（15～17岁）。

此外，精神分析学派的后继者埃里克森（Erikson），注意儿童行为模式，并将儿童行为模式、心理社会因素和"里必多"投放的身体部位这三者结合起来把儿童心理发展划分为八个阶段：

学习信任的阶段：（1岁之前）信赖——基本信任和不信任的心理冲突；

成为自主者阶段：（2岁）自律——自主与怀疑的冲突；

发展自主性阶段：（2～5岁）主动——主动对内疚的冲突；

变得勤奋的阶段：（6～11岁）勤奋——勤奋对自卑的冲突；

建立个人同一性阶段（12～18岁）：同一性——自我同一性和角色混乱的冲突；

承担社会义务阶段（19～30岁）：亲密——亲密对孤独的冲突；

显示献身感的阶段（中壮年）：生产——生育对自我专注的冲突；

达到完善的阶段（晚年）：完善——自我调整与绝望期的冲突。

中国学者则以人在一段时间内具有较多共同的心理主导活动为依据，将个体心理发展划分为以下几个主要时期：

1.新生儿期（出生至一个月）。

2.乳儿期（1岁以内）。

3.婴儿期（1～3岁）。

4.幼儿期（3～6、7岁）。

5.儿童期（6、7～11、12岁）。

6.少年期（11、12～14、15岁）。

7.青年期（14、15～25岁）。

8. 成年期（25~65岁）。

9. 老年期（65岁以后）。

而近代最著名的儿童心学家皮亚杰在关于认知发展的理论中把认知发展分为四个大的阶段，在每一大阶段下又再划分出若干小的阶段。

第一阶段：动作感知阶段（0~3岁）。

出生后的两、三年是动作感知阶段。他认为第一个阶段，人的思维靠两个东西，一个是靠动作，一个是靠感知觉以及动作的对象。皮球滚到床底下，你用什么方法把它捡出来，这个时候就是要靠两个东西，一个是手：爬进去用手取；另一个是钩子：用钩子把它钩出来。两个东西不是都要靠动作嘛？那么怎么把它钩出来呢？首先要看得见、摸得着，如果看都看不见那就只能瞎弄了。

第二个阶段：前运算阶段（3~7岁）。

前运算阶段主要靠一种表象和具体形象来进行思维。

第三个阶段：具体运算阶段（7~12岁）。

具体运算阶段，相当于中国的小学阶段（7~12岁），这个时候他可以进行一系列的逻辑推导，但是还要依靠具体的事物作为支柱。

第四个阶段：形式运算阶段（12~15岁）。

能够用假设：假设怎么怎么样。这个时候（也就是12岁）开始发展到形式运算阶段。

任何儿童都有对优越感的追求

在谈到这一问题之前，一些人可能会有这样的疑问：对优越感的追求是不是人类与生俱来的生物本能呢？对此，我们不得而知，且无法给出确定的答案。因为我们确实无法说追求优越感是任何明确意义上的本能，但必须要承认这有一定的生物学基础，这种基础肯定存在于基因之中，且有一定的发展可能性。不过，我们可以确信的一点是，对优越感的追求与人类本性之间必定有着不可分割的联系。

我们都知道，人类虽然是高级生物，但能力也是有限的。例如，灵敏的嗅觉，人类无法有狗那样的灵敏嗅觉。我们也不可能用肉眼看到紫外线，但是有些能力，我们确实可以在学习和训练中得到发展。而且，在获得和提升能力的过程中，我们也能发现追求优越感的生物学根源，从而发现个体心理演变的整个来源。

实际上，无论是成人还是儿童，在任何情况下都存在追求优越感的强烈欲望和动力，且一直存在。因为人类不可能忍受长期被蔑视，长期处于低下的位置，正如此，人类甚至都推翻了自己的上帝。而这种屈辱感、自卑感，让人们产生了一种变得更完善和更优秀、高人一等的感觉，以获得心理补偿和自我完善。

儿童的一些特殊的行为，大多是来自环境的影响，在被蔑视、被打压的环境下，儿童的自卑感和不安全感加重，反过来，这些加重的自卑和不安全感又刺激了他们全部的心理活动。于是，儿童就迫切想要摆脱这种状态，想变得更优秀，想被平等对待，在这种愿望的驱使下，他们就会给自己设定一个较高的目标，以此证明自己可以达到这种较高的水平。但实际上，这些目标往往不切实际，甚至是近乎想象出来的蓝图，认为自己似乎有超能力，似乎能掌控一切，而越是那些自我感觉脆弱的孩子，表现得越是明显。

有一个14岁的男孩，他有着严重的心理问题，且他也已经认识到问题的严重性。在被问到关于童年的事情时，他说在6岁的时候，他很想吹口哨，但是他发现自己根本不会，他感到很沮丧和痛苦。但是某一天，当他走在路上，他突然发现自己竟然学会了，他太惊喜了，他认为这一定是上帝眷顾自己，附身在自己身上了。

从这一案例中，我们能发现，儿童感受到自己的脆弱和自己被上帝附身之间，存在着密切的关系，并且，个体内心对于优越感的渴望与其典型的性格特征之间也关系密切。我们可以发现，假如一个孩子对优越感极度渴望，那么，这种渴望达到一种强度时，就会演化成一种嫉妒心，甚至会形成病态，比如希望竞争者遭遇意外。这种罪恶的想法甚至会让他们患上心理疾病，甚至会制造出一些麻烦，以此提升自己竞争胜利的可能性。如果他的行为被人关注了，那么他的表现就会更加强烈。

他们认为，应该没有人可以超越自己，实际上，无论是提升自己还是攻击他人，都是他们获得优越感的一种手段，如果这种欲望占据了他们的头脑，他们就很有可能做出坏事。这样的孩子是好斗的，经常表现出对他人攻击的态度，好像随时都要与人战斗一样，而对于这类孩子来说，他们最害怕考试和测试，因为考试和测试会暴露出他们的无用感和无价值感。

从这一事实中，我们可以看出，我们对不同的儿童，测试的方法应该不同，统一测试并不适用于所有儿童。对于一些害怕测试且难以完成测试的孩子来说，在测试中，他们会表现出局促不安、结巴、害羞、恐惧甚至大脑一片空白等；也有一些孩子，在自己一个人的时候是不敢回答问题的，只有与其他人一起时才能做到。他们总渴望能超人一等，这就是对优越感的渴望，这一特点在角色游戏中也表现得极为明显。比如，骑马游戏，他们是不愿意当那匹"马"的，他们想要当骑马者，总是想要支配别人，而一旦自己的这种欲望不能被满足，他们就会捣乱、破坏别人的游戏。此外，如果他们总是遭遇挫折，他们的勇气也会丧失。可见，只要他们一面对新环境，他们就会感到焦躁不安，而不会选择勇敢面对。

当然，也有一些看上去雄心壮志、并未被挫折打败的孩子，他们会对各种比赛和竞争产生兴趣，他们在失败后当然也会有被打击感。事实上，要想看出一个儿童渴望自我肯定的程度和方向，往往可以从他热衷的游戏、历史人物形象、现实人物中来发掘。在成人中，有些人以拿破仑为偶像，拿破仑也确实是雄心壮志的代表。如果个体妄自尊大且喜欢做白日梦，这其实是自卑感太强的表现，而遭遇失望的个体通常会寻找超越现实的一些方式来麻痹自己。

那么，儿童对优越感的追求会走向哪些方向呢？这里，我们可以将其分为几大类。当然，我们不可能给出精确的划分，因为确实种类众多且纷繁复杂，在此处，我们划分的切入点是"信心"，也就是以儿童对自己信心的强弱来区分。

不过也有些儿童，他们自身的成长并没有因为对优越感的追求而受到干扰，他们会将这种追求积极化，会努力和奋斗，他们会遵守秩序、讨好老师、努力表现，并逐步让自己变成一个正常状态下的孩子。不过，在个体心理学的经验中我们发现，这样的儿童屈指可数。

实际上，自古以来，不只是判断孩子，我们任何人在判断其他人的时候，都只关注其可见的成功，而不是全面的品质。其实，在培养一个孩子时，我们无需培养孩子的野心，更重要的是锻炼孩子勇敢、坚韧和自信的品质，让他明白即便面对困难和失败，也要有不放弃的精神，而且要把困难和挫折当成新的契机。在这一过程中，学校老师如果能认识到孩子怎么做是有益的，怎么做是无用的，那就能帮助孩子减少很多难题。

自卑感和优越感要维持基本平衡

　　每个孩子都有自卑感，且有对优越感的追求，只有在自卑感和优越感得到合理的引导且维持在一个平衡的状态，儿童才会身心健康。但自卑感和优越感之间很难维持基本平衡，要么是孩子野心过大，要么会在感觉能力不足后放弃努力。当然，这些孩子与正常发展的孩子也一样，都只是一部分，但是他们的行为却十分频繁。

　　我们先来谈谈第一种情况，野心过大的孩子。我们发现，在同一个班级的两个小学生之间，也会出现明争暗斗的现象，这两个小学生身上会出现一些令人讨厌的个性特征，比如善妒。一旦对方的成绩超过自己，就会生气，当别人各方面比自己优秀时，就心生紧张，甚至出现一些身体上的不适，比如头疼、胃痛等。我们都知道，一个个性健全且和谐的人身上是不会出现这些特征的。

　　由于这些儿童身上呈现出嫉妒他人的表现，因此很难与其他同学友好相处，即便是一个普通的游戏，他们都会想着赢他人，但是他们不可能每次都拿第一，所以慢慢地他们开始不喜欢集体活动，每次与人接触，他们就不开心，而且总是感觉自己地位不稳，所以会对其他人颐指气使。一旦他们处于这种不安的氛围中，就会感到紧张，表现得惊慌失措，这样的孩子，很难真正地成功。

　　这些孩子十分看重父母给自己的任务，他们认为这是父母对他们的殷切期望，认为自己在父母眼中是比其他孩子优秀的，他们希望成为焦点人物，且愿意一直背负着这样的期望前行。

　　我们很希望人类有这样一种完美的方法，能让这些孩子免于这些内心的纷扰，但事实上，这样绝对理想的方法是不存在的，且这样理想的环境更不存在，不然的话，问题儿童也不存在了。正是因为这种不存在，孩子身上背负了种种殷切的期望，这让他们苦不堪言。在他们身上表现出来的过度的雄心，与那些身心放松的孩子相比，他们的感受是全然不同的。这一点，在他们即将面临无法回避的种种困难时表现得尤为明显。当然，想要让这些孩子免受这些困扰，希望是极为渺茫的，因为我们给出的理论并不是普遍存在的，并不适用于每个孩子，这还需要进一步的完善。另外，我们还需要重视的一点是，在问题来临时，孩子日益膨胀的好胜心击败了孩子的自信心，进而也使他们失去了面对难题的勇气。

　　在那些好胜心过强的孩子身上，我们发现，他们最为看重的是结果，是被认可。如果没得到他人的认可，他们的内心就极为焦虑。事实上，我们都知道，对于任何一个成长中的孩子来说，保持心态的平衡，远比立即解决这些困难更重要，但那些好胜心强的孩子并不理解，他们只需要来自他人认可和仰慕的目光，否则，他们的生活难以为继。

这样的孩子太多了，因此，保持心态平衡十分重要。

还有一种情况，在孩子感觉能力不足后，就会陷入一种低迷和压抑的情绪中，逐步放弃努力，从此颓废下去。他们放弃的原因是因为他们不理解自己真正的处境，也没有成人告诉他们应该怎么做。对他们来说，已经没有继续努力的动力和方向了。

那些好胜心强的孩子，之所以陷入困惑的境地，是因为人们向来习惯了用他们所取得的成就来判断他们，而不是用他们面对和迎接困难的勇气和毅力等来判断他们。

在研究中，我们发现，追求优越感能反映个体争强好胜的个性特征。有的孩子在学校追求优越感就是这样的心态，所以让他们中途放弃很难，因为其他孩子已经在路上了，他们不可能停下，他们的斗志已经被激发了。不少教师发现了孩子的这一特点，所以企图通过这样的方法来激发那些不求上进的孩子的竞争心，对于那些尚有勇气的孩子来说，这样的方法或许管用，但是对于那些成绩已经跌入谷底的孩子来说，过低的分数会让他们变得更加困惑，束手无策，然后陷入愚蠢迟钝的状态中。

反过来，我们在培养孩子的这一问题上，如果能用关爱和理解去对待，那么，我们会发现孩子会带给我们很大的惊喜，他们会展现出我们未曾发觉的智力和能力。在这样的方法下，孩子会表现出更大的好胜心，这是因为他们害怕回到从前的状态，从前的失败感和无用感像一记记警钟提醒着他们，时时督促他们不断前进。所以，他们总是绷紧神经，总是马不停蹄地奔波，总是在过度工作和学习，但即便如此，他们还会认为自己做的还不够。

而在孩子追求优越感的过程中，如果方向偏移，就会出现很多"问题"。比如，孩子上课拖延，我们可以看成是孩子对学校所布置的任务的一种正常表现，孩子有这样的表现，表明孩子不想费心去完成学校的任务和要求。事实上，他们尽一切所能就是为了违背学校的要求。

从孩子的这一想法出发，我们大致就能理解那些问题孩子的各种恶劣行径了。孩子自身是有对优越感的追求的，但他们这种对优越感的追求不但不符合学校的要求，还表现为跟学校的要求对抗，那么，问题就产生了。孩子会做出很多典型的反抗行为，开始变得无可救药地做出一些让家长和老师反感的事，这些孩子会表现得像一个小丑一样，总是会做出各种恶作剧，引人发笑。除此之外，他还故意去挑衅同伴，和社会上的不良少年厮混，甚至违法犯罪。

此时，我们不得不说，学校的作用是巨大的，学校的教育不仅影响着孩子在学校的学习，更掌握了孩子在未来社会中的成长和发展。学校处于家庭和社会之间，学校为孩子提供了教育和培养环境，也有机会弥补孩子在家庭教育中的缺失，有责任帮助孩子为适应社会生活而做好准备，也有责任帮助孩子在未来社会中扮演好自己的角色，为社会尽一份力。

第 02 章

自卑感与自卑情结，儿童都有不同程度的自卑感

无论是成人还是儿童，都有不同程度的自卑心理。对于儿童来说，天生就有生理缺陷，或身材瘦小者更容易有自卑心理，而这些儿童的自卑心理，如果得不到合理引导和进行积极补偿的话，就可能导致自卑情结，自卑情结是导致儿童很多不良行为出现的直接原因。为此，教育孩子，我们都要理解和关爱孩子，懂得解读孩子行为背后的意义，帮助孩子树立信心和勇气，给孩子一个积极有益的健康童年。

什么是自卑情结

阿德勒认为，在个体心理学领域，最大的成就之一就是提出了自卑情结。但是，并不是所有人都对这一问题有深刻的理解，甚至对于一些明显有精神障碍的人来说，他们是不承认自己有自卑情结的，他们还常说："我认为我比其他任何人都优秀。"所以，就连心理医生也承认，医学中常用的"问"的方法对于治疗这类患者是艰难的，但是如果我们置之不理的话，患者的自卑情结并不会好转。

其实，我们每个人的内心都有自卑情结，只是程度不同，因为没有谁对自己绝对的满意，只要有不如意的地方，就会产生自卑感。然而，面对自卑情结，我们必须要找到方法摆脱它，唯有如此，我们才能寻求超越，让自己更优秀和完美。

我们需要学习用自信代替自卑，用一些方法改变生活，逐步消除自卑感。当一个人极度自卑，但他内心又想克服自卑，然而，脚踏实地地努力却不理想时，他就会选用一些不切实际的方法，若这种方法效果并不理想，这又加剧了他的自卑感。

如果只看到一个人的外在行为，而不去探究其背后的原因，就会认为这个人的行为很诡异，没有什么目的性。我们眼里的他们，从外在行为上看，其实和别人没什么特别的不同，但是他们就是在改变自己的人生这方面与常人有很明显的差异，缺乏积极性。

其实，他们也会意识到自己的软弱，但是他们就是无法正视这一问题。当他们意识到这一问题的时候，他们就会麻痹自己，而不是让自己更强大；当他们遇到了让自己感到吃力的问题时，他们会歇斯底里，以此证明自己是有价值的。然而，这不过是自欺欺人，自卑感并没有消除，久而久之，自卑就会成为他们一种固定的、难以改变的情绪，只要有类似让他们感到自己软弱意识的事情发生，他们就会自卑，这也就产生了自卑情结。

至此，我们可以给自卑情结下个定义：当一个人在遇到了一个自己无法解决的问题时所表现出来的焦虑、不安和无所适从。

对于儿童教育来说，我们发现，有些孩子，他们喜欢用抱怨和哭泣的方法来博得父母长辈的关注，但实际上，这只是他们自卑的表现，其实就是无能为力，而抱怨和哭泣并不能改善他们的自卑情结。

哭泣其实和怯懦一样，都是软弱的象征，他们想表达自己需要父母的关注和爱护，其实是希望超越别人，因为他们总是以自我为中心。同样，那些喜欢说大话的孩子，他们看起来不可一世，处处展现优越感，但我们不可只听他们说了什么，而要分析他们背后的行为，仔细分析，你会发现，他们也还是逃不过自卑情结。

在一些神经质患者中，有一种恋母情结，如果他们无法处理这类问题，那么，他们的神经质也就无法治愈；如果他们的活动范围仅限于家庭，那么，他们的依恋问题也就无法通过家庭以外的人解决。这也是因为内心缺乏安全感，他们已经习惯了在自己可控的范围内掌控别人，如果超出这个范围，自然也就害怕无法掌控局势。

一些有恋母情结的孩子，他们从小受母亲溺爱，想要得到什么，母亲都给，他们想要得到爱，根本不需要去家庭以外的环境寻求，更不需要为了达到自己的目标而努力，所以，他们即使长大了，依然依赖母亲。而到了恋爱的年纪，他们所寻找的不是伴侣，而是一个时刻满足自己要求的人，而他们的母亲就是这个人。所以，任何一个过度依赖母亲的人都有可能有恋母情结，这类母亲甚至不允许自己的儿子跟自己的丈夫关系过度亲密。

所有的神经质患者身上，都有一个特点，那就是行为上的受限。比如，说话结巴的人，在做事时往往犹豫不定，他们想与人沟通，但是内心的自卑感又让他们有所顾虑，害怕无法顺利完成这件事，所以说话时就会结巴。一些人人到中年，不敢谈婚论嫁或者找不到合适的工作，其实都是因为自卑心作祟。

因此，我们需要认识到的一个现状是，决定儿童长远发展的，不是他们的天赋，也不是外界的环境，而是他们如何看待现实，以及如何判断他们与现实之间的关系。事实上，孩子天生就具有某些天赋，不过这并不重要，我们如何看待孩子的环境也不重要，最重要的是，我们要从孩子的角度来看待孩子的处境，并尝试理解他们的行为。我们不要期待孩子按照我们的期望去做事，给予孩子理解和关爱，才是帮助儿童克服自卑心理的关键。

自卑情结与儿童不良行为

关于自卑，一些人认为，自卑是人类与生俱来的一种感觉，其实不是。我们发现，无论一个孩子多么勇敢，我们都能通过后天的作用让他感到恐惧和自卑。在一个家庭里，父母胆小懦弱，那么，孩子必定也是如此。这并不是说胆怯会遗传，而是在这样充满恐惧的环境下成长，孩子怎么会勇敢？要知道，家庭氛围和父母的性格特征，是一个孩子成长过程中最重要的因素。那些在学校里独来独往的孩子，在入学前，多半与人交往甚少，甚至他的家庭与人都没有交往。正是因为如此，一些人认为这是遗传，但这种看法是站不住脚的，我们更愿意承认"任何器官和大脑的物质改变，都可能让他们失去交际能力"的说法。这虽然只是一种可能，但能够帮助我们理解这种怯懦性格特征的表现。

　　有一个女患者，她才16岁，但她从六七岁就开始盗窃，12岁就有了性经验，完全就是我们所说的坏女孩。她告诉我，她的父母关系很差，经常吵架打架，所以当她才2岁的时候，他们就离婚了，她的母亲不管她，把她丢给外祖母抚养，所幸，她的祖母对她很好。

　　对于年少时的不良行径，女孩倒是直接说出了自己的想法："我其实根本不喜欢偷东西，也不喜欢跟男的混在一起，我之所以那样，就是想让我妈妈知道，她不关心我，我就做坏事，让她约束不了我。"我问她："你这样做，是报复她吗？"她倒是一点也不否认。由此可见，这名女孩的所有消极行为都是为了证明自己比妈妈厉害，她之所以自卑，就是因为她认为她的妈妈不爱她，而唯一可以让她感到优越的行为就是不断地制造麻烦。事实上，人在童年时期的一些不良行为，比如偷盗等，就是为了报复。

　　导致儿童自卑的方式有很多，比如身体的缺陷、父母的消极评价、缺乏社会交往的机会等，但此时，儿童能否从自卑心理中获得积极的超越，就需要看孩子的自我评价能力了。另外，很多时候，作为成人，无论你怎么询问孩子对于自身的看法和认识，无论你采用怎样委婉曲折的方式，你得到的答案总是模糊的，一些孩子说自己还好，一些可能说自己没用。如果是第二种答案，那么，我们的父母就该反思是否在平时总给孩子类似"你没救了"这样的评价呢？

　　如果被这样评价，我们成人都会感到受伤，更别说我们的孩子了。大部分孩子都会因为被成人这样评价而感到沮丧、对自己缺乏信心、怀疑自己，然后将自己封闭起来，如果你通过沟通和询问无法了解孩子关于自我价值的评价，那么，我们可以多观察，看看孩子是怎么处理问题的。比如，看他在解决问题时是满怀信心、眼神坚定还是畏畏缩缩、犹豫迟疑。

　　在分析个体对优越感的无益追求时，需要明白一点：个体完全以自我为中心，他们的社会行为是与正常人不同的。比如，他们会自私、不考虑他人感受、违法乱纪、贪婪等，一旦发现别人的秘密，他们就会借此来伤害他人。即便一些孩子的言行让人反感和厌恶，但从他们的身上，我们依然能发现一种明显的特征——他们也有一种归属感。虽然他们生活的离人群越远，我们就越无法发现他们的社会情感，但是他们的社会情感绝对会以我们可以看见的方式展示出来，因此，我们应该努力寻找这种隐藏的方式。揭示孩子自卑感的方式有很多，比如孩子的眼神。眼睛不仅是视觉工具，还是社交工具，一个人看他人的眼神表明了他与别人交往的态度。因此，我们发现，无论是作家还是心理学家，都十分在意他人的眼神，日常生活中，别人是如何用眼神打量我们的，我们能从中看出来别人对我们的看法。同样，哪怕是匆匆一瞥，我们大致也能观察他人内心世界，即便某些情况下会存在失误，但是简单的善意或恶意，我们还是能轻易捕获到的。

因此，我们可以说，儿童的很多不良行为，比如在学校违法乱纪、欺负弱小等，都与自卑心理有着密切的关系，并且，如果一个孩子在错误的发展道路上已经持续了很久的时间，那么，你就不能指望通过一次沟通就能彻底让孩子改变。作为教育者，必须要有持久的耐心，如果孩子在努力改变的过程中偶尔出现了一次疏忽，也不可打压，而要告诉孩子：成功不是一蹴而就的，这样才能让孩子重燃斗志，让孩子得到心理安慰。在学习上，如果孩子几年来学习成绩一直很糟糕，那么，你就不能指望他在两周内成为尖子生，但毋庸置疑的是，他的成绩最终是可以通过正确引导提高的。一个正常的孩子，或者说是勇敢的孩子，是可以不断提升自己的，而一些无法提升能力和能力欠缺的孩子，他的整体人格发展一直走在了错误的道路上，获得提高有些困难。但对于这些问题儿童来说，只要他们还存在某些能力，我们就能帮助他们获得提高。

自卑对儿童成长也有积极作用

我们知道自卑对于人的自我发展的阻碍作用，但自卑并不是一无是处，相反，它也是推动人类进步的动力，我们只有认识到自己的不足、无知，才能找到进步的方向，才能更好地迎接新生活。所以，我们可以说，自卑是人类文化的基础。

　　自卑是人类文化的基础，也是人类文明的助推力。举个例子，假如外星生物来到地球，他一定会产生这样的想法："人类在地球上建立房子遮风挡雨，制造衣服防寒取暖，制定各种各样的规则，他们一定是最卑微的。"此话不假，我们人类不如一些凶猛的动物强壮，也缺乏自我保护能力。通常来说，动物选择合作，能壮大自身、取长补短，但是如果人类选择合作，所拥有的能量会远远超过动物合作。

　　我们都知道，我们刚来到这个世界上时是婴儿，那个时候的我们是需要成年人呵护与教养的，而假如我们都各行其是，就只能任由环境摆布了。其实，对于任何人来说，童年时期如果不注重合作的话，就会越来越缺乏自信心，越来越悲观，身体越来越脆弱，问题也越来越多，相反，那些善于合作的人，即使他们遇到了难题，他们也能寻求他人的帮助，努力找到最佳解决方法。

　　人无完人，我们的身体都很脆弱，我们也有缺点，但即使如此，我们依然要努力探寻生命的意义，去解决之前我们提到的生命中必须要面对的三大问题中的一个重要问题，也就是如何学会与人合作。唯有这样，我们才能改变和完善自己。

　　我们都知道，无论人类的终极目标是什么，都不可能完全实现，假如我们实现了，那么所有顺利的或者不顺利的事情都可以被预见，那么生活就没有乐趣可言了。而恰恰是这种不确定性，引起了我们的兴趣，不然艺术不受追捧、宗教不被信奉、科学不被探求，我们的生活也就到头了。庆幸的是，我们还在奋斗的道路上，我们也在为不断发现和解决问题而感到快乐。不过，在神经质患者的身上，他们一开始就受到了阻碍，这也让他们面临了更多的困难。通常来说，正常人会按照一定的步骤解决问题，第一步做什么，接下来做什么，先解决一个问题，再解决另外一个。而他们不甘心落后于人，也不愿意让自己成为别人的累赘，他们有自己的人生态度，他们勇敢、积极且能独立地解决问题。

其实，"自卑情结"提出者阿尔弗雷德·阿德勒本人就是能超越自卑的鲜明个例：

阿尔弗雷德·阿德勒（1870—1937），生于维也纳近郊的一个米商家庭，他家境富裕，但童年却并不快乐，实际上，在他的记忆中，他的童年是多灾多难的。他自己曾说他的童年生活笼罩着对死的恐惧和对自己的虚弱而感到的愤怒。他在弟兄中排行第二，长相又矮又丑。幼年的阿德勒患了软骨病，身体活动不便，4岁才会走路；又患佝偻病，无法进行体育活动。在健康活泼的哥哥面前，他总是感到很自卑，认为自己不如人，他曾经还被汽车轧伤过两次。5岁时，他患了严重的肺炎，甚至连他的家庭医生也对他绝望了。然而，他的身体竟莫名其妙地恢复了。后来，他立志要当一名医生，因为他觉得自己的童年一直生活在对死亡的恐惧中，他的生活目标也就是克服这一恐惧。读书后的他成绩很差，在老师看来，他明显不具备日后从事其他工作的能力，所以老师向他的父母建议及早训练他做个鞋匠才是明智之举。

不过在一些小事上，我们还是能看到他不甘人后的一面。他曾自述过："我记得通往学校的小路上要经过一座公墓，每次走过公墓我都很惊恐，每走一步都觉得心惊胆战，然而看到别的孩子走过公墓却毫不在意，我感到十分困惑，并且我常因自己比别人胆小而苦恼。一天，我决心要克服这种怕死的恐惧，采用了一种使自己坚强起来的办法。我在放学时故意落在别的同学后面与他们间隔了一段距离，把书包放在公墓墙壁附近的草地上，然后多次地来回穿过公墓，直到我感到克服了恐惧为止。"另外，阿德勒一直是一个合群的孩子，与同伴玩耍时被人所接受的感觉使他感到高兴和满足。

无独有偶，作曲家克拉拉·舒曼的妻子在4岁以前一直不会说话，直到8岁才开始能说一点点，她性格内向且不善于与人相处，所以她宁愿将自己关在厨房里，也不愿意出去交朋友。她是个被人忽略的孩子，在提到女儿时，她的父亲说："令我们感到诧异的是，这是一种明显的精神上的不协调，但是却成了她以后幸福生活的开始。"

其实，这也是一个超越自卑并进行积极补偿的案例。一个人的自卑感会产生不幸感，而唯一能减轻这种不幸感的方法是发展各自的自我补偿心理特征，但即便启动了心理补偿的过程，个体也未必能够克服这种自卑感，但即便如此，心理补偿的过程的启动还是很有必要的，且是不可避免的。

不过，我们还需要提到一点，这种由自卑感引发的心理补偿未必能带领个体走向更好的未来，反而会让人犯错，自卑感可能刺激个体获得客观成就，也可能导致个体纯粹的、增加自我个体和客观事实之间距离的心理调适或心理补偿。

言语羞辱和贬斥只会使儿童更加怯懦

在教育中，我们发现教育者和家长常常犯同样一个错误——轻易下断言，认为孩子一定会有个糟糕的结局，这就是最大的错误。没有一个孩子想被人看扁，但这样的断言会让孩子更懦弱，让他们的处境变得更糟糕。如果我们能转换教育观念，用激励代替贬斥，或许会更有效，就像维吉尔说的那样："我自信，我成功。"作为父母，我们千万不要相信，你的羞辱能真正让孩子变好，虽然有时候看上去孩子的行为是变了，但那只是因为他们害怕被嘲笑。

下面我们来说个故事：

有一个小男孩，因为不会游泳而被小伙伴们嘲笑。一次，在被嘲笑后，他实在无法忍受了，就干脆从一个高高的跳板上一下子跳入水中，差点淹死。

其实，这个小男孩一点也不勇敢，反而是个懦夫，因为他害怕被人嘲笑，而去做一些看上去是克服懦弱的行为。原因在于，他不敢承认自己是真的懦弱，他跳水也只是害怕自己在朋友中的威信丧失，他这样的举动也没有真正治愈懦弱，反而让自己的懦弱习性更为严重了。

懦弱的孩子人际关系也不会太好，因为他们只关心自己，而很少关心他人，甚至以牺牲他人的利益为代价来满足自己。因此，我们可以说，那些胆小懦弱的孩子反而更好斗且自私，这使他们摒弃了普遍的社会情感。这种怯懦是为了克服对别人意见的恐惧而产生的，怯懦的孩子总担心被人嘲笑和忽视，所以他们的行为常常会被他人的观点限制，产生害怕别人观点的恐惧，他会将周围的人都当成自己的敌人，对他人总是心怀敌意、嫉妒。

懦弱孩子有吹毛求疵的特征，并且爱唠叨，如果别人受到他人的夸赞，他们会因此而愤怒。他们获得优越感的方式不是取得成就，而是贬低他人，这恰恰表明孩子内心错误的特性，教育工作者在发现孩子有这样的特性后，就要努力将其从中解救出来，如果他们没有认识到这些现象，自然能被谅解，但他们便始终无法了解到如何纠正这种由敌意而引发的不良的性格特征。但如果我们能够意识到，那么，解决问题的根源就在于引导孩子去适应这个世界和社会，且要想方设法让孩子知道，他们犯了这样的错误——企图不劳而获，企图什么都不做就获得声名和尊重。此时，我们就需要引导孩子了解什么是真正有益的，也能从中学习如何真正教导孩子，同时我们也要鼓励其他努力的孩子，不能因为他们的成绩差或做错事就轻视他们，否则会让他们陷入自卑和无价值感之中。

任何一个孩子，一旦对未来失去信心，他就会成为生活的懦夫，就不敢直面生活，并且获得一种无益的心灵上的补偿。而作为教育者，有一项重要的职责，就是帮助孩子建立自信，尤其是那些已经开始灰心的孩子，更是要花大气力帮他们重拾信心。这关乎教育者的神圣职责，即让孩子满怀信心和勇气、充满希望地成长。

一开始，在面对问题时，孩子满怀信心，但是在接近解决问题时，却退缩了、畏首畏尾，当他停止下来的时候，发现自己离成功解决问题还有一段距离。一些成人会用懒惰或者心不在焉来评价这样的孩子，如何评价不重要，重要的是结果是一样的。他们没有勇敢去面对和解决问题的能力，而是对遇到的问题和困难煞费苦心。有的孩子会告诉大人自己真的做不到，认定自己能力不足，但其实从个体心理学的角度看，这些问题都来源于儿童缺乏自信，而不是能力不足。

帮助儿童弥补缺陷，直面问题

前面，我们阐述过，儿童都有一定程度的自卑心理，而那些自身存在缺陷的儿童更易自卑。比如，有这样一个孩子，天生就有残疾，且患有疾病，身心上的双重折磨让他倍感压抑，这样的孩子喜欢沉溺在自己的世界里，因为外部世界对于他们来说充满敌意。此时，如果这个孩子的生活里，有个对他的生活起居照顾得无微不至且为他全心全意奉献的人，那么，他的自卑感不但不会减轻，反而会加剧，即便是身体健全的孩子，在面对比自己实力强很多的人时，也会产生一种自卑感，如果我们经常告诉孩子："小孩别插嘴"，就会更容易加剧这种自卑感。

所有的这些外在对比，都会让孩子产生自卑，他们认为，无论是从体格还是其他方面，自己都比他人差很多，这种不平衡感在心里酝酿，造成了他们心理的不平衡，他们需要做出更多的努力来改变这种格局，这让他们产生了源源不断的动力。然而，这并没有让他们学会与周围的世界和平且友好地相处，反而造成了他们自卑且自私的性格特征，所以他们总是独来独往、形单影只。

因此，我们可以说，对于一些身体存在缺陷的孩子，即便他们的身体康复了，甚至变得很强壮，但是身体不健康时造成的负面心理影响并没有消失。对于这一问题，我们需要细细分析，孩子的自卑心理和自私、以自我为中心的态度，也许不只是孩子的生理缺陷导致的，还有可能是另外一种跟身体缺陷毫无关系的情况所致，比如家长对孩子的态度。如果孩子总是被严厉管教、缺乏关爱，那么，他就讨厌现在的生活，总是以敌对的态度来对待周围的一切，由此也会产生自卑心理和个人主义。

一些能力不足的孩子看起来比较愚笨和冷漠，但这不能说明这些孩子是弱智，因为弱智儿童有典型的特征——有身体上的缺陷。因为大脑发育异常，腺体就异常，自然会导致身体缺陷。某些情况下，一些并不严重的身体缺陷会随着时间慢慢消失，但即便如此，当初因为身体缺陷造成的心理阴影却始终无法消散。

其实，那些长相丑陋、体弱多病或身体有缺陷的孩子往往更自卑，这种自卑感表现在两个极端。比如，他们说话时要么咄咄逼人，要么唯唯诺诺。这两种说话方式看起来天差地别，但实际上是相同的，无论他们在说话时一次说的很多或很少，都暴露了他们对优越感的追求。不过，由于他们对生活不抱任何希望，所以，在他们看来，他们是没有能力为社会做出贡献的，因此他们的社会情感此时就体现到了实现个人目的上，这就导致他们对认可感的追求对社会无益。

一些观点认为，健康的心态与健康的身体是相伴相生的，其实，这种观点有失偏颇。比如，一个孩子身体有缺陷，但是我们依然能看见他有着积极健康的心态。确实，身体不健康，但只要不为身体问题而困惑，孩子依然能快乐成长，依然能够勇敢地面对生活。另外，就算身体健康，如果在成长过程中，经历了不幸事件，孩子缺乏认识自我和面对不幸的能力，那么，他也有可能因此而变得消极悲观、自卑失望等，难以保持健康的心智。任何一个失误和挫折，都会让孩子产生无力感，他们对困难十分敏感，只要有一次小小的错误，就认为自己很无能。

不得不说，人人都有追求优越感的需求，而对于那些在这一过程中偏离正轨的人，他们该做些什么呢？其实，所有人类都有追求优越感的行为，都应该被理解，只是在这一过程中，他们用错了方式，制定错了目标。其实，我们人类的所有进步，都来自对优越感的追求，我们从贫穷到富有，从失败到成功，都是因为这一点。然而，在人类历史上，只有那些为他人利益而奋斗、为人类发展而努力的人，才是真的实现了超越生活的目标，获得了属于自己的优越感。如果我们从这一点出发以此引导那些走错路的人，可能会更有效果。

自古以来，人们对于价值的判断，最终都是建立在合作之上的，我们所有的目标与行为的最终目的都是为了更好地与人合作。我们每个人，无论你的身份是什么，甚至包括那些神经质患者和罪犯，当他们没有达成自己的目的时，也会为自己寻找借口，其实他们之所以做错事，就是因为他们缺乏和正常人一样的勇气，在他们的内心一直有着深深的自卑情结，这导致他们没有办法与别人合作，行为偏离了正轨，才开始在不切实际的目标中寻求安慰。

我们所处的社会是一个大的集体，需要我们正确的分工，而这也就显示了每个人的特长和优势的差异，也许我们的目标存在错误或漏洞，不过我们总是能发现：我们的社会需要的正是不同类型的人才。有些人身体强健，有些人擅长算数，有些人在艺术领域有所造诣，这都是个人的天赋。其实，越是缺乏什么，越是会更关注什么。比如，一个消化系统并不好的孩子，他才会关注营养问题，他希望改变自己的现状，甚至希望成为厨师或美食家，所以，自身缺陷的存在有时甚至能帮助我们完成一个不可能实现的目标。

当儿童过度自卑或过度追求卓越时有什么表现

在现实生活中，自卑有很多种表现形式，比如哭泣、愤怒等，无论哪种都会给当事人带来痛苦和巨大的心理压力，为此，他们会寻求心理优越感，作为心理补偿。另外，儿童过度自卑和过度追求优越感，都有一定的外在表现，需要教育工作者细心识别。

比如，一些孩子不敢看大人的眼神，这些孩子并不是什么坏孩子，这也不是他们的一种坏习惯，只是他们心存疑虑，所以眼神闪躲，害怕与人接触，害怕与同伴交往，当别人喊他们时，他们也是亦步亦趋地接近，且总是与人保持一定距离，只有在必要情况下才会靠近。他们对密切关系的心存迟疑，当然，也有可能是他对别人的印象和评价不好，且他们会将这种片面化的经验泛化，滥用到其他方面。同样有意思的是，我们可以观察到有些孩子依赖母亲或老师，因为他们十分看重能带给他们乐趣的人。

也有一些孩子看起来信心十足、昂首阔步、大声说话，表现出无所畏惧的样子，其实，越是有这样的表现，越是能表现出他们内心的自卑和恐惧。

心理学家认为，那些极力展示自己的人，背后隐藏的也往往是一种自卑。比如，那些身高不足的人，在人群中会踮起脚走路，这样能让自己看起来高一点。这种行为我们在那些体型瘦小的孩子身上更容易看到。所以，我们可以看出，内心有强烈自卑感的人，他们比一般人显得更安静、内向，这是自卑感的表现形式之一。有这样一则故事：

在动物园关着狮子的铁笼子旁，有三个孩子，面对凶猛的狮子，三个孩子的表现不同，第一个说的是："妈妈，我要回家。"说完，他躲到了妈妈的身后；第二个孩子浑身发颤，然后大声叫喊："我一点也不怕。"而第三个孩子则是面露凶色，说："我可以朝他吐口水吗？"其实这三个孩子都害怕狮子，但是因为有着不同的成长经历和人生态度，他们选择了不同的表达恐惧的方法。

然而，即使如此，也没有办法解决问题，问题只是被搁置到了一边，其实只不过是在那些既定的失败事实下给自己找的一种心理慰藉。面对问题，他们采取了逃避的方法，而不是积极应对。那么，怎么解决这个问题呢？方法是观察其言行举止，因为人的语言会撒谎，但是动作神情却不会。比如，一个自负的人，他可能在想："我就是要让你看看我的本事。"再比如，一个说话习惯指指点点的人内心真实的想法可能是："不这么说话，别人可能不重视我。"

当儿童的自卑感过度，往往也会寻找过度的优越感，当二者无法实现平衡时，他们就可能做出一些我们成人看来越轨的行为。阿德勒曾说过这样一个案例：

有个15岁的女孩，失踪8天后被带到了法庭上，她在法庭上撒谎，说自己被人绑架了，将她关了8天。可是，居然没有人相信她说的话。后来，家里人为她找来了医生，想让她说出真话，但是她反而因为医生也不相信她，而打了医生一耳光。后来，她找到我，我告诉她，我很想帮她，希望她能开心，循循善诱下她说出了自己曾经做过的一个梦，梦的内容是："我在一个酒吧里看到我妈来了，过了一会儿，我爸也来了，妈妈叫我躲起来，不要让爸爸看到。"这里，这名女孩很害怕自己的爸爸，并且总是与之对抗，因为她经常被父亲惩罚，所以为了逃避惩罚，她学会了说谎。因此，如果遇到一个喜欢说谎的人，就要考虑到他是否童年时期家教过于严格，要知道，没有人愿意处心积虑地说谎，除非说谎话能给他们带来好处。另外，从这一案例中，我们发现，女孩和她的妈妈是经常合作的。后来，女孩成人了，那件事也水落石出：有人引诱她去了酒吧，并在那里呆了8天，因为害怕被父亲惩罚，她才撒了谎。可是，她纠结的心理又表现在，她希望父亲知道，以此来表明自己的胜利，获得优越感。

　　可见，儿童的自卑心理和追求优越之间也必须达到平衡状态，而在这一问题上，成人的引导作用至关重要，这一点，我们会在后面的章节中进行阐述。

第 03 章

解读儿童行为，人格发展具有统一性和整体性

　　个体心理学认为，儿童的任何一种行为，我们都能从其整体人格中找到归因，反过来，我们在解读儿童行为时，也要将其放入整体人格中进行讨论。在心理学理论和精神治疗技术研究中，我们经常看到某个特定的行为或者表达方式被单独拿出来讨论，似乎它可以自成一体，不需要结合其他因素一起考虑。有这样的做法就如同人们把单个音符从整段旋律中抽取出来，然后试图单独理解这个音符的意义，完全不考虑旋律中的其他音符。这是不恰当的做法，也是家长和教育工作者要规避的。

解读儿童的任何行为都要考虑其整体人格

　　阿德勒认为，研究儿童的心理活动是一件很有趣味性的事，无论是研究哪个部分，都能让人达到忘我的境界。举个很简单的例子，在理解儿童的某一行为时，需要了解儿童的全部成长过程，因为儿童的每一个行为都能映射出其全部的生活、个性及人格，而如果我们脱离儿童的成长经历和生活背景，就很难理解儿童的某些行为。对于这一点，这里，我们不得不提出一个名词——"人格的统一性"。

　　这种统一性的开始与发展，并不是突然出现的，而是伴随着孩子的整个童年，它是行为和行为表现方式协调统一的一个单一模式。因为生活的需求，孩子不得不运用一种统一的模式来面对外界，而且，正是因为应对外界的统一模式造就了孩子的个性，形成了孩子与其他孩子有所区别的地方。

　　大多数心理学流派并没有对这一问题有所重视，虽然我们并不否认有些心理学家认识到了这一问题。我们看到，无论是心理学或者精神病学理论，都会将个体的某个动作或者表达方式孤立起来分析研究，彷佛它与其他事物之间并不存在联系，有时候，他们会将这种手势或表达称为一种情结，且认为它们能从整体行为中脱离出来，这种分析方法好比我们从整个曲子中将一段音符挑出来，我们发现它的意义根本无法理解，尽管我们说这种方法欠妥，但却一直在被运用。

我们的个体心理学对此提出了反对意见，因为一旦这种错误的观点被运用到儿童的教育中，将会对儿童带来巨大的负面影响，事实上，我们已经有很多关于儿童惩罚理论的个例证明了这一点。

因此，我们可以说：无论是成人还是孩子，他们的人格，都是一个统一的整体，这种整体人格所表现出的行为与个体逐渐建立起来的行为模式是一致的。如果将一个人的行为从其整体人格中脱离出来分析，这是十分不恰当的。因为任何一个单一的行为，在我们解释时都能给出很多种不同的答案，这些解释都是不确定的，但是如果放到一个整体里，这种不确定性就会消失。

比如，如果一个孩子犯了错，通常成人会怎么做呢？也许成人会考虑到孩子的整体人格问题，但也许还是会更多地把关注点放到孩子的缺点上。因为，如果孩子总是重复某个错误，成人可能会认为他无可救药。而如果一个孩子一直各方面表现良好，只是偶尔犯错的话，成人就会考虑到他整体的表现，也不会对他进行严厉的惩罚。但无论哪种情况，问题的症结都没找到，这说明我们应该对儿童的人格进行统一性的全面理解，以此来找到问题的根源。

再比如，如果你问孩子这样一个问题："你为什么这么懒？"那他是不会给你你想听到的对于这个问题的根本原因。不得不承认，这一原因确实不能忽视的，尤其是我们对了解孩子的整体人格。同样，至于为什么他会撒谎，你也不会得到答案。

关于这一点，苏格拉底曾经说过一句至今为止仍影响深远的话："了解自己是一件多么困难的事情。"我们成人尚且无法洞悉的答案，为什么要难为一个孩子呢？从更好地理解个体某一行为的重要性及其所表达的意义这一点出发，我们第一步就是要按照正确的方法与理论来理解儿童的整体人格，这并不是要求我们将儿童的每个行为都记录下来，而是要理解孩子在遇到问题时的态度。

反过来，我们研究儿童的个性性格，就好比考古学家想要探索出一个城堡毁灭前的样子，一般就需要从出土的一些物品，比如，陶器、建筑的残垣、破损的纪念物等进行考究。而我们判断人的性格特征，运用的也是类似的方法，我们可以通过了解这个人身上的一些行为特征，选取共性，进而达成了解的目的。

另外，我们有必要让孩子明白，我们的生活不是独立的事件，而是贯穿生命始终且相互关联的一条生命线。在这条生命线中，发生的任何一件事，都是生命背景中的一个部分，只有将事件联系起来看，才能解释为什么会发生这件事。当孩子能理解到这一层面时，也就能明白自己为什么犯错了。

儿童的行为模式是由其对事物的看法决定的

前面，我们阐述了解读儿童行为的关键——将其整体人格考虑在内。从这一点出发来考虑，很多"问题儿童"的行为，我们也就能寻根究源了，因为错误的目标是来自错误的判断，关于这一点，我们先来从下面的案例中进行分析：

在一个家庭里，有个13岁的小男孩，他是家里的哥哥，在他5岁的时候，家里的另外一个成员——妹妹降生了。在此之前，他是家里的独苗，父母长辈对他十分娇宠关爱，所有人都以他为中心，他的每一个小心愿都能被满足。因为他的父亲是陆军军官，教养孩子的任务就在母亲身上，他自然也与母亲更亲近。他的妈妈是一位聪明善良的主妇，总是尝试着满足儿子的每一个需求。即便如此，儿子的一些粗鲁的行为还是让她头疼，于是，随着儿子长大，他们之间的关系变得慢慢紧张起来，儿子总是要求母亲做这个那个，甚至命令和嘲笑她，总是制造出点麻烦来引起母亲的注意。

慢慢地，母亲对男孩的行为很恼火，但是她知道儿子本性不坏，所以还是一再容忍他，并且像往常一样帮他整理衣服、辅导功课。男孩自己也相信，母亲是爱他的，且愿意与他一起面对人生的种种困难，而且，这名男孩在小学时表现是很优异的。

直到男孩8岁那年，一切发生了变化。他和母亲之间的关系逐渐恶化，男孩开始自暴自弃，开始玩世不恭，他想以此来控制母亲的情绪，当他实在无法找到可以搞恶作剧的东西，他就去拉扯母亲的头发，有时候还去拧母亲的耳朵等。后来，他将"魔爪"伸向了妹妹，当然，他并不会真的伤害妹妹，但他就是嫉妒妹妹，其实他的这些恶劣的行为就始于妹妹的出生，因为从那时起，他在家里的有利地位就被妹妹夺走了，妹妹成了大家新的关注目标。

这里，需要引起注意的是，假如一个孩子的行为开始变得恶劣，我们需要考虑的不只是他的行为变化的时间，还有变坏的原因。此处，"原因"一词只能勉强使用，因为对于案例中的小男孩来说，为什么妹妹的出生会让他变坏呢？这是我们无法理解的部分。虽然人们不了解，但这种情况非常普遍，因为妹妹的出生在哥哥看来是个错误，正因为这一认识偏差，导致了哥哥的各种错误行为。当然，这二者之间也不是绝对的因果关系，因为一个孩子的诞生并不绝对会让一个年长的孩子变坏。从个体心理学的研究中，我们发现，孩子心理上的"变坏"，这些严格的因果关系并不能发挥太大的作用，起作用的是那些大大小小的错误，而这些错误对儿童未来的发展有着很大的负面影响。

我们在成长过程中不可避免地会出现这样那样的错误，且会造成一定的后果，从中我们能看出个体曾做过错误的行为以及设定过错误的人生目标。而一切都来源于个体所设定的心理目标，因为其目标的设定决定了个体的很多方面的特征。这就是说，一旦涉及判断就会出现犯错的概率，对于个体而言，这种目标的设定或确定从童年早期就已经开始，通常在2岁到3岁时，个体就会为自己确定一个让自己产生优越感的目标，希望对自己言行和未来生活起到指引作用。

相反，错误的目标则是来自错误的判断，但这样的目标对于个体还是能起到一定约束作用，他们有一套自己的行为标准，以此来安排自己的人生，然后朝着目标奋进。

有一点需要我们注意，决定儿童成长的，最重要的一点是儿童的性格以及其对事物的看法。我们需要牢记，儿童的性格以及他对事物的主观看法决定了其成长，这一点至关重要。当儿童被一个新的困境困扰时，就会重复之前的错误，这一点也是需要我们重视的。由此，关于儿童的一些性格特征，我们产生了一些更新的认识，即环境让儿童在看待问题时不再依据客观现实或客观环境。比如一个孩子的出生，他们所依赖的基础是自己对客观现实的主观想象来看待问题和做出行为。而这一点，无疑是反驳了严格因果论观点的充分证据，即在客观事实及其绝对正确的含义之间存在必然联系，但是这种联系在客观事实和对事实的错误看法之间未必绝对存在。

我们还要明确的一点是，我们的行动，是由我们对事物的看法决定的，而不是事实本身，对事实的看法是我们行动的基础，这也是人格构建的根基。

儿童对情境的认识并不基于客观事实

我们对心理活动进行探讨时要注意：决定行动方向的是观点而不是客观事实。这一点很重要，因为看待事物的观点是行为和人格形成的基础。

在我们人类历史上，最能诠释这一点的大概是凯撒大帝登陆埃及的事件。当时的情况是，凯撒跳上海岸，一不小心，被绊了一下，摔倒在地，罗马士兵见状后认为此乃不祥之兆。此时的凯撒大帝深知如何扭转士气，所以他立即呼唤："你是我的了，非洲！"如果不是他的这一随机应变的举动，想必当时即使那些士兵再勇猛，也会因为相信迷信的说法不会继续战斗了。

因此，我们能发现，我们的行为本身受到现实因素影响的概率很小，但它同样能起到作用，比如它能制约和决定我们个体的性格特征的组织性、完整性。大众心理及其因果关系也同样可以起到这样的作用和运用这样的道理，比如，大众心理中的某一环境状况符合理性的公共常识，此时，我们不能说环境本身决定了这一大众心理或理性，真正对大众心理和理性公共常识之间的因果关系起到决定作用的，是两者对环境看法自发的一致性。一般来说，唯有当错误的看法在得到现实的验证且被排除后，理性公共常识才会被大众心理接纳，才符合因果关系。

同样，对于儿童来说，我们更是发现，儿童对环境的认识并不基于客观事实，而是来自他们自身的体验。

现在，我们再来谈谈那个有了妹妹后慢慢叛逆的小男孩的案例。

这个小男孩一直屡教不改，一直打扰别人，让别人无法安宁，但很快，他发现自己陷入了一种困境之中。他发现，因为他的恶劣行径，人们都讨厌他，他在学校也被人排挤，他只能我行我素，于是他仍然不断地给别人惹麻烦，这是他人格的一种完整性的体现。接下来，发生了什么呢？一旦他犯错，他就会受到惩罚，收到不良的报告和抱怨信，而这些都会送给他的父母。如果他依然不改正，最后，他只能被父母带出学校，原因是他不适合群居生活。

也许他更希望得到这样的结果，因为终于能脱离学校了，而他的这一态度再次证明了行为模式的统一性和连贯性，也再次表现了他真正的态度。当然，这一态度是错误的，一旦形成就会一直表现下去，他的目标是成为众人瞩目的焦点，而这一目标本身就是错误的，如果他因为犯错而遭到了惩罚，其实是因为他的寻求关注而被惩罚，他总寻找母亲的麻烦，以此来让母亲妥协和迁就他。这是他寻求关注的第一个结果。

第二个是在当了8年的家庭中心人物后，他的地位被降生的妹妹取代，在这之前，他是被母亲唯一关注的对象。而对他来说，母亲也是他唯一关注的对象，而妹妹出生、他的家庭地位被夺走后，他想方设法要夺回自己的地位，因此，这一次他又犯错了。但我们必须承认，这并不是因为他本性就坏。因为任何一个孩子，面对突如其来的环境变化，如果没有得到成人的引导和关怀，那么，他们只能自己去适应，甚至产生一些邪念。

我们再来举个例子：如果一个孩子一直被教管，别人把注意力都放到他的身上，但是他突然需要重新进入一个新的环境：入学，而老师会对所有的学生一视同仁。在这样的情况下，如果这个孩子想要博得老师更多的关注，那么，他很有可能会惹怒老师，对于孩子来说，这无疑是他成长中的一个危险信号。

因此，我们不难理解，在上面说的那个小男孩的故事中，他自身的存在理论与学校对他提出的存在理论之间有着巨大的鸿沟，如果我们用图示的方式来表明这两者之间的关系，就会发现，它们是完全背道而驰的。但是，我们不得不说，任何一个孩子，他的日常生活中的每一个行为都是由其目标决定的，这也就是说，在他的整体人格中，只有且唯一仅有这一目标。而且，学校也期待孩子都有这样正常的目标，所以，冲突此时就难免会形成了，但是作为教育方的学校却没有尝试理解孩子的心理，也没有包容孩子，更没有尝试寻找问题的根源。而这就导致了孩子错误的认识，而如何解决这一问题，我们在后面的小节中会进行阐述。

问题儿童的引导需要考虑个体与社会的关系

我们依然以上述谈到的这个小男孩为例，我们知道，我们说的这个小男孩的犯错动机是希望他的妈妈来操心他的生活，并且只为他服务，所以他所做的每一件事都在表明：我必须支配我的母亲，且母亲只能由我支配。而别人对他的期望却不是如此，别人希望他可以努力学习，可以独立完成作业，可以做个好学生等，但面对这样的期盼，孩子会觉得自己被束缚住了。

在这样的情况下，男孩自然不会有好的行为与表现，但是当我们真的了解他的成长经历时，我们才会给予同情。在学校教育中，学校一味地对孩子的行为给予处罚是没有用的，因为越是处罚，越是会让孩子缺乏归属感和安全感，认为学校也无法容纳他了。而当他被勒令退学或者被家长带离学校时，他甚至认为自己的目标达到了。在错误目标的指引下，他的感知方式也是错误的，他好像掉进了一个巨大的陷阱，没有人能来帮助他，他认为自己抓到了自己想要的，那就是他的母亲，他认为母亲会全身心地为他操心。

在理解了这个孩子的处境后，我们发现，断章取义地揪出他犯的一个错误而惩罚他是起不到效果的。设想一下，假如这个孩子做错什么事了，母亲就要为他善后，但这并不是说他就是故意的，因为这是他整体人格系统的一部分。当我们确认了一个观点——一个人人格中的所有部分都是相互联系且不可分割的，是整个人格体系中的一部分组成时，我们就会发现，这个男孩的所有行为完全跟他自己的生活方式相一致。而这种一致性也推翻了很多教育者的观点——这个孩子的智力低下。因为在他们看来，智力低下的孩子是无法在学校学习的。

这个案例看上去复杂，但深入了解后，我们发现，几乎所有人都曾经有过类似这名小男孩的情况，他们对生活的态度和看法，与社会传统的要求和看法并不一致，甚至是背离的。

因此，我们大致可以看出一个"问题儿童"的心理发展过程：

对于这些孩子来说，他们认为自己在学校不可能有所建树，对自己的这一评估不是他们的错，而是周围的环境让他们对自己不抱希望了，且让他们在错误的道路上越走越远。此时，一些家长可能感到非常生气，他们认为自己的孩子前途渺茫，不会有什么作为了。家长的这种想法会让孩子发现，他在学校发生的一切都验证了自己的看法，就连他们的家长也并没有信心和能力去帮助他们纠正这一现状。因此，当他们做过几次努力却失败后，他们就会放弃努力，他们认为一切不可能改变，他们把自己的尝试再到失败的经历当成自己无能和低人一等的再一次有力证明。

一个孩子犯了错，却无法纠正，但他想奋进，却依然成为拖后腿的一个，那么，他就会放弃努力，进而转移自己的注意力，将精力放到那些远离学校和学习的事上。孩子逃学是最危险的迹象之一，也被当作是最恶劣的行为之一，他们通常会因此受到严厉的惩罚。于是，为了躲避惩罚，他们有了更为狡猾的方式，导致一些孩子在错误的道路上一去不复返。比如，他们会篡改成绩，会伪装家长签名等，以此来企图蒙混过关，再或者，他们已经很久没去学校上课，但是他们会欺骗家长，描述自己在学校里的各种细节和表现。

这些孩子在其他孩子上课的时间里会逃到一个他认为安全的地方，而这个地方，其实也有一些"坏学生"踏足过。要知道，简单的逃课并不能让他们的优越感被满足，他们会进一步采取措施，也就是用违法的方式来满足自己的心理。如此一来，他们就在错误的路上越走越远，最终发展成完全的犯罪行为。他们组成团伙，开始偷窃，像成人一样在社会上游走，让自己表现出很成熟的样子。甚至，他们还会有更进一步的行为。由于他们的行为没有因为被察觉而受到惩罚，所以他们会得寸进尺，走上犯罪的不归路。一些孩子在犯罪的道路上无法迷途知返，就是因为他们无法寻找到一条更有意义的道路来满足自己对优越感的追求，那些有意义的道路已经被他们排除在外，加上身边那些不良友人一直刺激他们，驱使他们做出非社会或反社会的行为。

曾经，人们认为社会的主流观点是神圣不可侵犯的，但现在，我们开始慢慢认识到，社会的主流观点是一种为人类服务的制度和风俗，并不是不可侵犯的，它并非一成不变。因为我们不可否认，社会制度和习俗都在个人的努力下不断前进和发展，社会是由个人组合而成的，所以个体的自我救赎之路是需要在社会中完成的。但我们不是认为要削足适履，这就好比希腊神话里记载的巨人——普罗克汝斯忒斯式（喜好羁留旅客，将其捆绑在床上，如果旅客体长，就截其下肢，体短者抻之与床齐。后暗指强求一致的制度、学术、主义等）一样。

实际上，个体心理学研究的基础一直都建立在思考个体与社会之间的关系上，如果在学校教育中，能将这一思考用于对问题儿童的引导上，那么，对孩子的成长势必有积极的引导意义。为此，我们建议，学校有必要将孩子看成一个具有整体人格的独立个体来看待，当作一个有价值的、有待开发的有用之才，更需要从心理学的角度来分析和判断儿童的一些看似有问题的行为，这就如我们在前面看到的，我们不能将这些行为孤立起来看待，而是要把它们看成整体人格中的一部分。

目标改变，才能带来行动的改变

前面，我们已经分析过，儿童的行为模式由他设定的目标所决定，因此，要改变儿童不良行为，首先要让他们改变目标。

其实，一直以来，个体心理学治疗的目的都是消除病症，而无论是在教育还是医学上，个体心理学并不认可这一目标。比如，一个孩子的数学成绩很差，我们在教育时的目的就是为了提升其数学成绩，而并没有探究他数学成绩不好的原因。究其原因，难道是太笨？其实人的智力水平都差不多，而更深层次的原因可能是他厌恶老师，或者反感学校，如果我们没有认识到这一点，即便是强迫孩子学习数学，他的数学成绩也无法提高。

不少神经质患者，也是运用同样的手段达到自己的目的。比如，一个人有偏头痛的毛病，那么，你会发现，一到出现麻烦的时候，他就发病了，这已经成为他解决问题的一种手段了。同时，头疼可能会让周围的人同情他，这样的方法他怎么可能会放弃呢？这样，即便是我们为他寻找到了药物治疗的方法，他的头疼病好了，他还是会寻找其他的方法来达到这一目的。

对于一些神经质患者而言，他们似乎总是有新的病症，一种被治疗好了，新的病又会出现，如此自由切换。所以，我们最好是找出他们寻找新的病症的目的，并找到这种目的和他们获取优越感之间的内在联系，才能彻底地解决问题。有一天，有位老师拿来一把梯子，然后用梯子爬上教室的顶端上课，教室的学生认为这位老师疯了，因为他们不知道老师为什么要拿来梯子，也不知道老师为什么爬上梯子的顶端，所以他们认为老师疯了。其实这名老师有自卑情结，站得更高的话，他就可以俯视学生，就会形成一种优越感，如果学生们知道这一点，也就能理解老师的行为了。这就好比我们对优越感的追求，虽然可能会很难，但是我们还是会不断追求。

同样，每个神经质患者也是这样，他们的行为与内心的目标是一致的。其实，要想改变他们的行为，就要改变他们的目标，而不是改变他们的行为本身。

阿德勒曾阐述过他的一次经历：

我接收了一个中年女病人，她总是感到焦虑不安，工作不理想，甚至没办法养活自己，只能靠家人接济，这是因为她总是找不到合适的工作。她告诉我，她曾经当过秘书，但上司总是骚扰她，她很害怕，不得不辞职。后来，她又找了份工作，但是这名上司对她又不理不睬，她觉得不受重视，于是，她又辞职了。就这样折磨了八年，她还是没有找到合适的工作。

在为她做治疗时，我总是试图询问她的童年经历，如果不知道她曾经发生了什么，也就无法了解她的现在。原来，她从小就是个漂亮的女孩子，而且是家里最小的一个，所以父母长辈都很疼爱他，把她当成小公主，并且他们那时就是这样称呼她的。

后来，她提及到她4岁时候的一段经历。当时，她和一些小孩子做游戏，这些孩子大喊着"巫婆来了"。当时很小的她真的吓坏了，回去问奶奶世界上是不是真的有巫婆，奶奶说："有啊，你身边的小偷、强盗都是巫婆。"从那以后，她就害怕一个人独处，只要离开家，她就感到恐惧，觉得没安全感。

她还跟我谈到她的另外一段经历。在她小的时候，家里有一位钢琴教师，有次，这名钢琴老师想亲她，她的心思一下子被打乱了，她还将这件事告诉了妈妈，她练习钢琴的事也就自此终止了。从这件事以后，她就更不愿意与异性有亲密接触了，童年经历让她产生了恋爱是一种软弱的表现的想法。

其实，我们很多人在恋爱时会变得温和，对伴侣倾慕，相反，那些时刻想做强者的人，才害怕因为恋爱而失去自我和强者姿态，一旦呈现这一倾向时，他们就会嘲笑那些坠入爱河的人，并且用这样的方式来逃避爱情。

这个女孩就是这样，她在感情里是软弱的，一遇到有人跟她表白，她就会害怕，只想逃避。而如今，她的父母也不在了，不可能再保护她，所以她不得不自己处理问题。但事实是，她没办法处理，她只好求助于家里的亲戚，久而久之，家里的亲戚也感到厌烦了，她此时便会抱怨亲戚们的无情："你们太狠心了，我孤苦伶仃，你们却不管我。"时间一长，她真的成了孤家寡人了。

好在她的亲戚们还没有真的不管她，如果他们真这样做，她肯定会发疯，因为她获取优越感的方式本身就是强迫亲戚和家人为她解决问题。她活在自己的世界里，经常产生这样的想法："我并不属于这个世界，我是另外一个星球上的公主。在这个星球上，没有人能理解我。"这种想法如果得不到纠正的话，久而久之，她真的可能会出现精神问题。

总的来说，对于儿童，他们都有对优越感的追求，而要改变儿童的不良行为，先要改变他们的目标，让他们树立积极的心理补偿方式，进而矫正他们的言行。

第 04 章

培养儿童的社会情感，帮助儿童实现积极超越

　　生活中，我们任何一个人，也包括儿童，都是社会中的人，都需要社会情感。社会情感的发展程度，对于儿童的成长至关重要，无论是语言能力的获得，还是逻辑思维能力的培养，社会情感都起到了无法代替的作用。社会情感给予我们每个人安全感，而且这种安全感，是我们能感受到的，也对我们的生活起到了决定性的作用，它与经过逻辑思维推理和真理上获得信任感不同，但却是信任感最明显的构成。从这一点出发，我们在探查孩子某些不良行为的原因时，就要深入挖掘其背后的原因，做到有的放矢，让孩子真正喜欢学习、直面人际交往和合作。

社会情感是个体对优越感的有益追求

生活中，我们每个人对于生命意义的理解，无论对错，都存在一些共通之处：那些在生活中充满挫败的人，如自杀者、酗酒者、精神病患者等，往往是因为他们对社会生活缺乏兴趣与安全感，在处理职业、婚恋或者社交问题时极少或者根本不寻求他人的帮助。

在这些人的字典里，生命是自己的，就应该以自我为中心，别人无法帮助他们，所以还不如靠自己，他们只有在获得自我成就时才会愉悦，别人对他们来说没有任何价值。其实这不过是自欺欺人，这就好比一个谋杀者，认为自己有权利操控别人的性命。但其实，对于他人来说，你的价值不会因为你有自欺欺人的操纵权而提升。

真正有意义的生命的标志，是与人分享，得到认同，即便是被人们称为天才的人，也要具备这一点，才会被认为区别于常人。所以，我们可以说，所谓的生命意义，在于对社会和他人有贡献，在于关注他人，与人合作，即使在遇到困难的时候，也要本着不伤及他人利益的原则去解决困难，这就是我们所说的社会情感，社会情感是个体对优越感的有益追求。

要了解社会情感的积极意义，只要我们翻阅人类历史就可以知道，人类历史就是从群居生活开始的，这是毋庸置疑的事实。我们发现，人类无法单独保护自身，需要寄身于人群。比如，如果我们身处在一个狮子出没的森林里，我们独立生存是很不安全的，随时可能被狮子吞食，同样，很多和我们人类体格差不多的动物，在森林中也是成群出没，以此保护自己。

这一点，早已被达尔文发现，比如猩猩因为身体强大，所以能离开群体，和伴侣生活在一起；而那些身体弱小的动物，则会和同样弱小的动物抱团在一起。按照达尔文的理论，群居是那些身体条件没有优势的动物，比如没有利爪、尖牙、翅膀等防御工具的动物的一种补偿。群居的生活方式，不仅弥补了单个动物身上缺少的东西，还能让群体成员明白只有抱团才能形成一种保护，并以此改善每个个体的处境。

比如，有一群猴子，他们在探索新的环境时，会派遣一只猴子前去探寻是否有敌人存在，这样的方式能汇聚团体的力量，同样能避免个体力量的不足；再比如，牛群的力量集中起来抵御敌人的进攻，以此来寻求自我保护。

动物学家在研究动物的群居问题时发现，即便在动物群体中，也存在着和我们古老人类一样的制度和安排，这就好像一种法律，比如，对于派出去的"侦察兵"，进行行动时必须按照一定的准则，否则会受到惩罚。在观察我们人类历史的过程中，我们发现一个有趣的现象：人类最古老的法律受部落守护者的影响。也就是说，群居思想的诞生是出于保护弱小动物的动机，在某种意义上，社会情感，也在那些弱小个体身上体现得格外明显，且二者关系密切，因此，我们便可以理解，对于最无助和最弱小的婴儿和儿童来说，最有必要培养他们的社会情感。

我们都知道，人类是一种高级动物，但与大自然中的其他任何一种动物相比，再也没有其他动物比人类在幼年时更需要保护了，因为降生到这个世界上，人类是最无助的。就像我们知道的那样，只有人类的孩子需要最长的时间来成长。这并不是因为我们人类需要学习太多的知识，而是因为需要花费太多的时间成长。相对于其他动物来说，我们人类需要父母照顾成长的时间最多，这是我们的身体需要，如果没有给予孩子这样的保护，孩子都不会健康成长，人类很可能会灭绝。

儿童弱小的身材被视为一个纽带，将教育与社会兴趣连接起来。儿童身体发育成熟，需要成人照料，更需要成人的教育。因此，教育的目的需要建立在一个事实上，即通过社会性来让孩子实现成熟，也就是说，教育本身就是社会性的。

我们对儿童实施的所有的教育规则和方法，必须要建立在群体意识以及个体适应社会的意识这一点上，不管我们是否能深入了解这些意识，我们都必须承认这些意识的积极方面。

不得不说，我们判断教育的方式是否正确，就要看其是否对社会产生积极影响。事实上，人类所有伟大的成就和发展，都是建立在社会情感中的。在对儿童的教育中，重视其社会情感的培养尤为重要。

如何判断儿童的社会情感发展程度

前面的章节中，我们已经从个体对优越感的追求的角度进行了详细阐述，我们在分析的过程中，发现了一种合作意向。这一合作意向，不仅在儿童身上存在，在成人身上也明显存在着。这种合作意向需要将自己与他人联系起来，让个体通过与他人的合作，获得一种成就感，也就是我们所说的"社会情感"。那么，为什么会有这一感觉呢？我们暂时没办法给出定论，但现在我们要做的，就是要把这个问题与个体的想法联系起来。

对此，有些人可能会产生这样的疑问：这一社会情感与我们之间谈到的个体对优越感的追求相比较，是否这一情感更接近人性呢？其实，这两种情感在人的本性中是一样的，只不过表现形式不同罢了，它们的根源都是人对于优越感的追求，都是一种个人主义欲望，是人类的最原始欲望。而不同的地方在于，我们对其进行判断的差异。社会情感的判断标准是，认为人类必须依赖于集体和社会才能取得成就，而个体对优越感的追求则无需建立在集体之上就能实现这一优越感。从二者的对比中我们发现，社会情感的判定比个人主义追求的判断更深入，也更健康，更符合我们对有益追求的观点。

任何人，只有在考虑到他人的权力时，才有道德的产生。不过，也有例外，比如在艺术创作中，我们便无法判定这一点。当然，即便在艺术领域，我们也有一个普遍的、道德观统一的印象。这种印象是关于正确的社会发展、健康和力量等方面的理解。当然，关于艺术的边界问题我们无法给出确定的答案，不过，艺术若能遵循社会发展的方向，那么，艺术将会有更高的成就。

现在，我们需要考虑的一个问题是，如何判断一个孩子的社会情感发展程度？这需要我们从孩子的一些特殊行为入手，如果孩子在追求自我优越感时，只考虑自己而忽略他人，那么，很明显，他的社会情感就比那些考虑他人的社会情感更薄弱。不得不说，每个孩子都有追求优越感的欲望。正因为如此，个体的社会情感才有发展的空间，一直以来，也有人抱怨那些只顾自己、不考虑他人的自私者，这样的抱怨多半是以说教为主，但无论是成人，还是儿童，一味地说教都起不到任何作用，因为他们依然会在心里形成自我安慰，认为自己能超越其他任何人。

个体心理学一直在寻求证明儿童所做的每一个越轨行为，都能从其成长环境中找出答案。比如，一个总是破坏环境整洁、杂乱无章的孩子，一定有一个人对其生活安排得井然有序，在这样的保护下，他自然什么都不用安排了；一个爱撒谎的孩子，通常是经常被家长颐指气使，撒谎是他保护自己的一种方式，以此避免惩罚；一个爱说大话的孩子，我们也能对其生活环境进行大致地推测，他希望被鼓励和赞赏，他也在追求优越感，但是却不被认可。

还有一些孩子在这一问题上，显得很迷茫，甚至做出违法犯罪的事。引导此类儿童，我们切忌说教，因为道德说教毫无用处。

此时，我们应该深入探寻其中的原因，然后在孩子的心中剔除罪恶的种子，也就是说，不要站在道德的制高点批判孩子，而应该把自己当成孩子的同伴，理解孩子，并逐步引导他们。

如果我们重复评论孩子很笨或者很坏，那么，在一段时间内，他也会这样评价自己，认为你的评价是对的，在这之后，他再也没有勇气和信心去解决任何问题。

此时，毫无疑问，他不可能再做成任何事，因为他已经认定了自己就是笨的。其实，他不知道的，是我们成人的断言摧毁了他的自信，使他遵循自己潜意识失败的行为模式，来证明这个荒谬的断言是对的。

孩子一旦认为自己能力不如同伴，觉得自己智力低下，觉得自己无法成功，那这种悲观失望的心境就会反映在孩子的行为中，加剧成长环境对孩子的不利影响，而不利的环境又会加深他的悲观抑郁心理。

儿童口吃是怎样一步步发展而来的

在分析自卑感的这一问题上，我们不妨先来谈谈这样一个案例：

一个13岁的男孩，因为患有口吃，所以不得不接受医生的治疗。第一年，他没有治愈；第二年，他没有接受任何治疗；第三年，他在一个专业医生的手下治疗，但依然没有治愈；因此，第四年他什么也没做。在第五年的前两个月，他被托付给一个语言专家，结果，他的病情不但没有转好，反而更严重了。一段时间后，他被送到专业的治疗语言障碍的研究所进行治疗，两个月的治疗后，他看上去治愈了，但是半年后又复发了。

后来，他又被送到另外一个语言专家那里接受治疗，为期八个月的治疗，让他的病情更严重了。之后，又一个专家尝试治疗他，结局还是一样——失败。在接下来的暑假里，虽然他的口吃问题稍微松缓，但是暑假结束，一切又回到最初的状态。

我们归纳了男孩的大部分治疗手段，发现都是大声朗读、缓慢说话、反复练习等。这些方法能训练男孩的说话水平，但是并不能根治。而我们了解到男孩曾经从楼上跌落，但也只是轻微的脑震荡，并没有造成男孩器官上的缺陷。

他被曾经对他有过教课经验的老师这样形容：修养良好、

勤奋努力、容易紧张而面红耳赤、有点浮躁。他的老师还说，他的学习难点在地理和法语上，他很容易激动，尤其是考试时，他在体育运动上的表现突出，也喜欢技术工作。他在学校的人际关系不错，大家都愿意与他相处，他在家偶尔会跟弟弟吵架，他是个左撇子，一年前右侧脸因中风而面瘫。

他的父亲是一位商人，容易焦躁，他发现儿子口吃时，就大声责备，但即便如此，男孩畏惧的依然是母亲，因为他的母亲给他安排了一位家教，这占用了他全部的自由时间。

另外，对于家里的两个儿子，母亲更喜欢小儿子，他认为母亲太不公平了。基于这些事实，我们提供的解释如下：这个男孩极易面红耳赤，这表示他一旦和社会接触，就会不自觉地紧张，而这一点，与他的口吃也有很大的关系，就算是他最喜欢的老师在这一问题上也无法帮助他，因为这已经成了他的一种机械反应。

很明显，案例中的这名男孩有口吃的问题，而为什么他会口吃呢？这是因为口吃是一种追求卓越却走向错误方向的一种表现，他在生活中常常感到悲观和沮丧，而这一点加重了他的口吃。反过来，他的口吃让他更自卑，这就导致了我们生活中常说的神经性自卑感的恶性循环。男孩不愿意与人说话和交往，他将自己隐藏起来，他甚至已经不想治愈自己口吃的问题了，到最后，他的这一心理问题可能会导致他出现想要自杀的想法。另一方面，对他来说，口吃也有积极影响，口吃能让别人关注他，以减轻他心里的不适感。

这个男孩喜欢名声、渴望得到他人的认可，这是他给自己设定的目标。他想要让别人知道他是一个脾气很好的人，知道他能与人亲密友好地相处，且能很好地处理事，而有时他也会出现错误和挫败，这个时候，他就需要一个借口来为自己开脱，而口吃就成了他的托词。因此，我们研究这个男孩的故事是有意义的。对于这个男孩来说，大部分情况下，他的生活是有益的，只是在这一问题上，他的判断力失误，他不相信凭借自己的实力能获得优越感，他迫切需要一个借口来自保，于是，他就选择了口吃，但他的借口太明显了，很容易被看出来。

其实，我们能想象到，这个男孩的口吃是怎样一步步发展而来的，在他小的时候，他一直是家里唯一的孩子，一直备受关注，母亲将所有的精力都放在他身上。但随着他慢慢成长，他觉得自己被忽视了，觉得自己的行为被限制了，觉得自己失去了自由，为了让自己重新获得曾经拥有的，他找到了新的方法，就是假装自己口吃，因为大家都会将焦点放到他的发音和口型上，所以原本被弟弟抢走的家庭地位通过这种方式就巧妙地夺回来了。并且，他在学校也使用同样的技巧来博得老师的关注。因此，无论是在家里还是学校，他都因此获得了他认为的优越感，此外，其他任何能达到这一目的的机会他都不会放过，他认为自己是个有优越感的好学生，且假装口吃让他获得优越感的过程更容易些。

　　虽然口吃能够换来老师对他的关注与宽容，但是这一方法却不应该被推荐，一旦他的"计谋"没有得逞，他会比其他孩子更容易受伤。弟弟的到来代替了他在家中的地位，所以他一直以来的诉求就变成了重新夺回自己的权利。在人际交往中，他无法和其他孩子一样与人分享自己的乐趣，也没有这个能力。除了他的母亲，其他人都被他隔离在外。

　　另外，为了逃避有意义的社会活动，有些孩子也会表现出口吃的缺陷，他们需要被特殊照顾，几乎与那些体弱多病的孩子类似，这些口吃的孩子在开始学说话时，都有口吃的问题。因此，我们可以说，儿童对社会的兴趣水平，与加快和延缓儿童语言水平有着密切的关系，那些对社会感兴趣、想和同伴多接触的人，比起那些在这方面没有愿望的孩子来说，他们的语言水平更高、学习说话更快、更容易。在有些情况下，孩子根本不需要说话。比如，有的孩子被过度保护，当他们正准备开口说话时，家长已经猜测到了他们的想法并替他们说出来了，不过，如果孩子从出生就语言功能缺失，那这是必要的。

　　其实，口吃者还有很多症状，但也许会令你感到诧异的是，口吃者在激动的时候，比如在与人吵架时，他是完全可以唇枪舌剑的，也有一些口吃者，在恋爱时的语言交流中却能滔滔不绝。这些事实表明，导致口吃的决定性因素是口吃者与他人的关系。在口吃者必须与人建立关系或者不得不通过说话这

种方式才能表达这种关系时引发的对抗和紧张会缓解他们的口
吃程度。

懒惰是想获得他人关注

我们一直在探讨追求优越感的有益途径和错误途径之间的
区别，但在此之前，或许我们先着手谈谈与我们的普遍理论相
矛盾的行为方式会更好。在所有相矛盾的行为方式中最典型的
当属懒惰，乍一看，这似乎与孩子与生俱来就有追求优越感的
观点相背离，但实际上，懒惰的孩子之所以被责骂，是因为表
面上看起来他们不想获得优越感，没志向，可是如果我们观察
他们的处境会发现，这观点是完全错误的，懒惰的孩子，他们
认为自己不用承担成人对自己的期望。

从某种程度上来说，他们不一定要实现这些成人对他们的
愿望。由于懒惰，也许你认为他们在态度上就不端正，但是他
们却因此成功让自己变成了焦点，他们的父母不得不总是催促
他们，基于此，我们大概就能理解为什么这些孩子会懒惰了，
要知道，也有很多孩子为了能获得关注而付出了很多努力。

然而，这样的解释并不科学，还有一些孩子会用懒惰来
为自己的行为和处境开脱。比如，他们各方面表现差，他们会
归咎于自己的懒惰，他们的家人也会这样指责他们："如果你

能不那么懒，有什么能难倒你？"而孩子在这样的暗示下，也会感到自我满足和被认可，认为自己只要不懒惰，就能取得成就，这恰恰缓解了他们的自信缺失。

懒惰的孩子有很多表现，拿做作业来说，如果一个孩子家庭作业写得很糟糕，那么，他可能会说自己是懒惰，而不是弱智。因为懒惰的孩子，如果一直懒惰，但却突然做好了一件事，那么，他们就会得到这样的评价："如果你不懒惰，有什么事能难倒你呢？"这样，他们就逃避了弱智的评价，这样的说法让孩子很满意，因为他们认为再也无须证明自己的能力。懒惰的孩子，还有一种类型，那就是勇气不足、难以集中精力且喜欢依赖他人，再者就是被纵容或者搅乱课堂秩序来吸引注意力的人。

有个12岁的男孩，读小学六年级，他的学习成绩很不理想，且曾经患过佝偻病；因为疾病的原因，他到3岁才开始学走路，4岁才开始学简单的单词发音。在他4岁的时候，他的母亲带着他去看心理医生，但被告知，他并没有治愈的可能，即便如此，他的母亲依然不相信，还是坚持带他去儿童心理指导所。然而，他并没有获得多少进步。6岁时，他要去读书了，刚开始的两年，因为曾经在家庭中被父母辅导过简单的知识，所以他顺利地通过了学校的考试，并且在后面的两年里，一直努力学习。

我们了解到了他在学校和家庭中的一些情况：为了获得

他人的关注，他将自己扮演成一个十足的懒汉。他抱怨自己无法集中注意力学习，上课走神；他与同学关系不好，而且经常被同学取笑，总是表现得无精打采的样子。不过，他有个关系要好的同学，他们经常一起散步，他与其他人没法相处，但是与这个同学可以，他的老师也会偶尔抱怨他的算术成绩差，也不会写作，但是老师依然相信，他可以变成一个优秀的孩子。

在心理学上，这被称为"替代成功"，这一点不仅在儿童身上可见，在成人身上也多见。这类人会自我安慰："如果我不懒惰，有什么做不成？"通过这样的心理暗示，他们的挫败心情就得到了缓解。而当懒惰的孩子"心血来潮"，真的做了点什么事时，这些小小的举动在成人眼里就是莫大的进步，这与他们之前的不作为形成了鲜明的对比，因而会被赞赏；而那些一直勤勤恳恳的孩子，即便取得了成就，但是却未必能得到关注。因此，对于懒惰的孩子来说，这样的"区别对待"让他们获得了极大的心理满足。

我们现在来做个比喻，懒惰的孩子就好像在走钢丝一样，每一步都小心翼翼，但他们绝对不会摔得粉身碎骨，在钢丝的下面，有一张巨大的安全网，就算掉下去也不会怎么样。懒惰的孩子即便无所作为，也不会被恶劣批评，懒惰就是他们的挡箭牌，能挡住他们的所有自信缺失的瞬间，但也阻碍了他们在遇到问题时迎难而上的勇气。

　　其实，我们当下的教育方式，何尝不是正中这些懒惰孩子的下怀呢？越是被严厉地责备，他们越是高兴，因为他们成功获得了关注，即便是被小小地惩罚了一下，同样也能满足他们的私心。

　　学校的教育工作者认为适度惩罚能让孩子勤快起来，但基本以失败告终。老师总认为通过惩罚能够治愈孩子的懒惰，但结果往往也是以失败告终。

　　假如真的有孩子变得勤快了，甚至取得了成就，那这也不是惩罚导致的，而是环境改变促成的。

　　有时，孩子的这一良性转变也有可能是更换了性格更温和的教师。比如，从前的教师十分严厉，而后来的老师性格温和，能理解和包容他们，能鼓励他们，给他们勇气，真诚地与他们谈话，而不是削弱他们的勇气。在这样的情况下，孩子能够从懒惰变得勤奋，也就是意料之中的事了。

　　再如，一个孩子前几年十分懒惰，但换了一个学校后好像脱胎换骨了，那么，这很有可能就是新环境的促使。

　　不过，也有些孩子为了逃避社会活动，不是选择懒惰，而是选择装病。

　　还有一些孩子在考试时就故意表现出紧张、局促不安或者兴奋，因为这样能获得老师的关注，能获得一部分特权。同样，那些爱哭的孩子，也是这一心理，也是为了拥有特权。

社会情感直接影响儿童的语言和逻辑能力

我们都知道，任何一个正常的儿童，到了一定的年纪后，就能学会说话，孩子的语言能力大多都取决于家庭环境。有一些孩子本来没有生理缺陷，可因为家庭忽略了对他们的帮助而导致了他们出现语言障碍。毋庸置疑的是，任何没有先天失聪且发声器官良好的孩子，都应该在幼年的恰当时间学会说话。一些特殊情况下，有些视觉能力不好的孩子，语言能力也会受到影响。还有一些情况，一些孩子被过度保护，当他们想要说话时，父母已经抢先一步说出来了，对于这些孩子来说，他们想要学会说话，难度也比较大，他们甚至被怀疑成聋哑人，不过，当他们学会说话以后，他们倾诉的愿望会特别强烈，这样的孩子在长大后往往能巧舌如簧且表达欲望强烈。

儿童的语言能力彰显了他们对优越感的追求及未来成长方向的选择。因此，孩子只有开口才能实现这一追求和方向，这不是为了让父母高兴，而是生存的需要。如果摒除这两点，孩子还是不开口说话，那么就要考虑孩子是不是语言功能真的出了问题。

有语言障碍的儿童，症状有很多种，有些儿童在辅音的发音上有困难，如r、k、s等辅音，不过这一情况治疗起来并不难，大有治愈的可能。但是，需要被重视的是，为什么有很多成人患有口吃、吐字不清的问题？多数有口吃的孩子，随着他们的不断成长，会逐渐被治愈，只有少数的孩子还需要接受长期治疗。关于这一治疗的疗程，我们来看看下面的案例：

前面，我们提及：口吃的根源并不是外部环境，而是个体对于外部环境的感知方式。在上面案例中，我们曾分析过的口吃男孩，他之所以烦躁易怒，说明他并不是个消极被动的人，他也在为优越感和认可感而努力，但同时他又是个敏感且脆弱的人。因此，他用一种消极的方式来表明自己的灰心——与弟弟吵架。而考试时的紧张表明，他害怕自己考不好，害怕自己被轻视，而这一切，又引发了他强烈的自卑感。此时，对优越感的追求将他带向了消极无益的方向。

男孩在学校比在家里的处境好多了，所以他想去上学。在家里，他的弟弟是全家人的焦点，他的内心总是受到伤害，这是他口吃的重要原因。而他在家庭中被边缘化的事实，对他的生活也产生了很大的影响。

另外，我们还找到一个有价值的信息：这名男孩在8岁时曾尿床。心理学家在研究中发现，这一症状多半存在于那些曾经受宠、后来被忽视的孩子身上，他们想通过尿床来博得关注，以表明自己无法适应独处。想治疗男孩的这一问题，需要成人给予鼓励和教会他怎样独立，而在给他分配任务时，必须给他分配的是他能轻易完成的任务，以此提升他的自信。后来，男孩承认，弟弟的降生让他不开心。此时父母的引导十分重要，父母需要让他明白如何让自己的嫉妒心走向积极有益的一面。

如果一个孩子在学习某种能力，比如练习说话时没有出现很大的难度，那么，他的进步就会很难被人看到。而一旦他口吃、让人觉得他存在语言障碍，他就会成为全家人关注的对象，这让他更开始注意自己的说话方式。于是，平时一些他根本不会使用的方式，也被他拿来控制自己的说话，以此获得更多的关注。

德国罗斯托克市的卡茨教授在经过长期的调查研究后发现，曾经被怀疑缺乏音乐理解力的儿童，在经过系统的训练后，完全可以和正常的孩子一样。

社会情感没有得到合理开发的孩子，不但在语言上存在问题，在逻辑推理能力上可能也稍逊一筹。我们发现，有这样一些孩子，他们各科成绩都很优秀，唯独数学很差，这会让他周围的人，包括他自己怀疑自己的智力。究其原因，我们发现，这是因为孩子在数学上曾经受挫，从而失去了学习数学的兴趣与提升数学成绩的勇气。在一些艺术世家，也有一些孩子以不懂数学为荣，而且，人们普遍存在一个误区，认为女孩的数学能力先天性地就比男孩差，但他们没有发现大部分的数学天才、数学家、统计学家都是女性。但是，女孩如果经常被暗示"数学学不过男孩"，她可能就会真的丧失信心。

孩子能否学好数学，不仅是对学习结果的一个考验，更是一个重要的心理指标，因为数学是少数能带给人安全感的知识领域。在学习数学和演算的过程中，人们能理清思绪，周遭混乱不堪的世界也逐渐能清晰起来。而那些安全感严重不足的人，确实学习数学很有难度。

在一些家庭里，当孩子四五岁了，还没有开始说话，一些家长就担心孩子是不是语言功能有问题，比如是不是聋哑人。如果不是，那么，这可能是一个假象，在被过度保护的情况下，孩子根本不需要说话，自己的需求就能被满足，那为何还要说话呢？因此，这些孩子往往会更晚才学会说话。

在抛却社会情感的情况下，除了语言外，人类的很多能力，诸如逻辑思维能力、理解能力等都无法获得发展。一个被隔离、与世隔绝的人，根本不需要进行深入思考和逻辑推理，这和其他动物差不多。相反，假如一个人需要与社会联系，他就要学习如何与人交流，如何培养自己的交往能力，这是所有逻辑思维的最终目的。有时，一些看起来比较愚笨的个人行为，但在现实中对其个体目标的实现却是睿智的。一些人在社会交往中，总希望别人按照他的想法去做，从这一点，我们也看出了社会情感是如何影响我们个体的思想的，而原始社会，之所以一直停留在较低的社会生产水平，就是因为在那样的环境下，人们的思维比较简单，他们只需要自给自足，而不需要进行更深入的问题思考。

第05章

儿童思维和行为偏差，是儿童追求卓越的一种方式

　　个体心理学认为，心理学就是试着去解读一个人是怎样运用自己头脑中的印象和经验的。也就是说，这意味着我们需要了解孩子是怎样形成用以指导他们行为和对刺激反应的感知模式的，还意味着，我们需要了解他们对出现刺激时的态度与反应是怎样的，并且要了解他们是怎样运用自己的方式达成自己的追求的。在儿童成长的过程中，难免需要适应新环境，此时，他们会出现一些行为和思维上的偏差，无论是何种偏差，都是他们追求卓越的一种表现方式。作为教育者和父母，都要以此为突破点，深层次了解儿童的性格，帮助他们积极应对新环境。

儿童性格与其对经历的理解关系密切

个体心理学认为，决定一个人整体性格的最为关键的因素是对优越感的追求。假如这个人因在某方面有不足而存在自卑感，那么，他就会调动自身的潜能，并让自己在这一方面获得突出成绩。对于这一点，我们从个人成长的每一个环节中就能察觉出来。

在人的精神世界里，最能展现其真实性情的大概就是早期记忆了，而且，这些记忆并不是瞬间的、即时性的，而是早就扎根于脑海中的。所以，研究这些记忆对于我们的工作有很大意义。其实，很多时候，人的梦境和记忆有着共通之处。比如，人们在做重大决定时，可能会梦到一些类似的情境，如梦见自己通过了一场考试，那么，这表明他对未来是充满信心的。反过来，除了梦以外，记忆也有类似的作用。比如，当一个人谈起他的童年时，就会表现得很失落："我的童年很不幸。"反过来，假如他的童年记忆是开心的，那么，他就会觉得生活充满希望。

所以，人的早期记忆对人性格的形成和发展以及生活方式都有着很重要的影响，同时，我们选择去回忆哪些经历，也直接影响了一个人未来的生活。

人的记忆是从经历中来的，而我们记住了什么，会直接影响我们以后的生活方式。如果一个人将优越感困于自身，他就总是会觉得别人在羞辱他，与他过不去，这样，一旦外界有什么风吹草动，他就会表现出消极的人生态度。当然，要改变这点也未必是做不到的。

一个人的人生态度与早期记忆是息息相关的，所以，我们在分析一个人的生活态度时，我们往往可以了解到他的童年是怎样被长辈教养的，是溺爱还是忽视，他与人合作的能力如何，是否喜欢与人相处，以及遇到问题时的处理方式是什么等。

以上我们谈到的是成人的人格性成，而对于儿童来说，决定其性格的，往往是他们对其经历的理解。

比如，如果一个孩子视力不好，他在学习和生活中就会格外注意观察事物，以避免自己的视力缺陷给自己带来影响。那么，他在回忆自己的经历时，就会有类似这样的表述："我环顾四周……"假如一个孩子的腿脚不是很利索，他就希望自己能和其他孩子一样奔跑，那么，在他的记忆里，关于奔跑的方面就会记得格外清晰。所以，我们可以说，一个人的童年回忆与他现在的兴趣有着密切的关系。当我们听一个人诉说往事时，往往能洞察到他现在的情绪，包括他的人生态度、生活方式乃至对未来的目标。

一个人早期记忆的内容有很多，但最能说明问题的，还是他怎样讲述自己的最初记忆，以及他所回忆的第一件事。因为这件事透露了他的人生观，是他根植于潜意识的东西。所以，我们在了解一个人的性格时，也会想方设法了解其最初的记忆。

关于儿童的性格形成，我们可以从下面两个案例中得知一二：

案例一：关于妹妹。

这则案例中的主人公是个女孩，让她感受到不愉快的是她的妹妹，在她的童年时期，她妹妹的存在对她造成了一定的影响，限制了她的成长。她是这样表述的："我一直等到了妹妹可以上学的年纪，我才可以上学。"这句话就很明显地展现出了她和妹妹之间的敌意，她告诉我，妹妹年纪小，妈妈说必须要等妹妹。

她认为，正是妹妹让她失去了母亲的重视，她把这种被冷落的过错归结到母亲身上，实际上的确如此，她在家里与父亲走得更近。她说："我妈妈每次说话都总是向着妹妹，尽管她也爱着我。"

这段记忆对这名女孩后来的人生也有着至关重要的影响，因为妹妹的存在，她感觉自己被母亲冷落，长大后，她形成了不敢竞争的性格，除此之外，也给她带来了更多的困扰，她也不喜欢和年轻的人玩，因为她觉得自己很老。

案例二：我的父亲。

对于孩子来说，在孩子刚出生的几年里，更依赖的是母亲，他们与母亲的关系更亲密，因为母亲有更多的时间陪伴他们，而到了发育的第二阶段，才会更多地关注父亲。而如果一个孩子起初先关注父亲，那么很有可能是母亲的失职，或者是家里有了弟弟妹妹。

在她向我阐述情况时，她说："有一次，父亲给我们买了一对矮种马，"我以为她会提到自己的弟弟妹妹，但我猜错了，"我的姐姐，将马牵了过来……"看样子，她的妈妈更喜欢姐姐。"姐姐手持缰绳，驰骋在大街上，她看起来得意极了，可是我呢？我摔倒了，根本不可能像她那样有良好的表现。"女孩这样表述着，好像自己就是失败者，永远不可能超过姐姐。不过她又说："我就是要比她强，这样我才有安全感。"

从这段描述中，我们也就知道了她更依恋父亲而不是母亲的原因了。"后来，我确实比姐姐优秀，赢过她了，但是那次的事情我一直忘不掉。"即便她已经实现了超过姐姐的目标，但她始终觉得自己是失败者。赶上他人成了她寻求安全感的方式。这种体验我们在前面也提及过，在较小的孩子身上，很容易产生认为自己比哥哥姐姐差的自卑感，他们也为此树立了必须要超过他人的目标。

我们在研究人的早期记忆时，发现一个共性：人的早期记忆并不繁杂，而是呈现高度浓缩的状态。鉴于此，我们可以拿来做群体研究。比如，我们在一个班里，只要让每个孩子都将他们自己的早期记忆写下来，我们就大致能对全班的学生作一个了解，也就知道以后该如何教育这些孩子。

新环境的出现能帮助我们了解儿童的性格

前面，我们提及，个体的心理或精神生活在时间上具有统一性，而在此基础上呈现出来的个体行为表现，在时间上也呈现出连贯性，不会突然转变。个体现在或者未来的行为与过去的行为也有一定的关系，但是我们不能说个体的行为完全由过去或遗传决定，而是要强调其其连贯性，始终有密切的关联的行为。我们任何人都不能一夜之间摆脱过去的自我，虽然也许我们潜意识中根本不知道过去的自己是怎样的，也就是说，我们没有办法一夜之间跳出过去的自我，虽然我们不知道真正的自我是什么样的。除非我们的潜能表现出来，不然我们永远无法了解。

我们这里谈到的这一观点，并非是流于书面的理论，运用这一理论，我们能培养出孩子的性格，也能在某段时间内观察出孩子的性格发展状况。因为对于孩子来说，当他们进入一个新环境时，他们隐藏的性格特点就会被暴露出来。我们可以带领个体进入一个他未曾接触过的环境，然后借此考察他的性格状况。此时，他所表现出来的性格肯定符合他既有的性格特征，只不过其中的一些性格特征过去没有表现出来罢了。

当孩子从家庭进入学校，或者更换了家庭环境，我们都能以此为突破点来深入观察孩子的性格。此时，孩子性格中的不足就会暴露出来。

这是一个10岁女孩的案例。

这个女孩在拼写和算术上存在问题，所以被学校引荐到诊所。她的经历中有这样一条信息：她的父母曾在德国损失了很大一部分财产。新的学校，她和大家相处得并不愉快，而且这里的老师与之前老师教算术的方法也不一样，所以她算术成绩差，而且在拼写方面，也存在困难。

她的母亲很爱她，父亲也喜欢她。她有几个差不多大的女玩伴，不过也只是几个，她记忆最深的是，在她八岁的时候，她和父母住在乡下，她们家有一辆马车，她经常和一只小狗在草地上嬉戏。她喜欢依赖母亲。但后来，她的母亲说，她是在两岁的时候被收养的，在前面的两年时间里，她被换过6个家庭，而这一切，她并不知道。

了解到这些以后，我们知道，对孩子来说，这段经历太痛苦了，她遭受了别人的嫌弃。后来，她遇到了现在的母亲，母亲对她呵护备至，她想抓住这样的幸福，但从前的痛苦记忆已经深深印在了她的心里。

　　我们不知道他们是何时离开德国的，也许她在童年时有过一段快乐的时光，在德国的时候，她成绩优异、深受他人喜爱，两年前她离开了德国。但是现在一切都不存在，她来到了一个新的环境，这个环境是贫穷的，来到了这个环境，能测试出她曾经是否有接受过合作意识的训练，以及能否适应新的社交。不过，我们发现，她在这方面确实欠缺。

　　可悲的是，老师不一定能认识到这些。她在学校并没有勇气，她也确实遇到了困难，我们告诉她，虽然与其他孩子相比，她遇到的困难更大，但是她完全可以通过认真学习、提升自信和勇气来克服学习上的困难。

　　后来，她一个人来到了诊所，她的人际关系也改善了。在家中，她能独立完成每一件事。我们曾经给出建议，让她自己处理事情，不要依赖母亲，这样能独立起来。于是她开始为父亲做早餐，开始展现出合作意识，她也认为自己更勇敢了，而且这次与我们谈话表现得轻松自如。

　　我们应该让孩子意识到，"我无法聚精会神，我失控，我会发脾气，这些都是因为我想给妈妈制造麻烦"。如果孩子能认识自己的这些潜在心理，那么，她就能停止孩子的不良行为，如果她没有认识到自己在家里在学校的行为和想法背后的深藏含义，那么，做到自我改变就不可能实现。

　　要帮助女孩实现改变，我们就必须要向她解释，她在学校、家庭或梦境中的行为和心理，都是建立在错误的模式上的，我们要使她相信，其实她遇到的困难很好克服，但是她却将这些困难当成与母亲对抗的工具。这里，我们也要与女孩的母亲商量，必须停止责打孩子，否则孩子只会继续对抗。

然而，目前，我们对于孩子的一些不明行为的分析，还处在空白的状态。而学校中，教师有这样的天时地利：因为他们需要教育众多学生，所以他们能归纳和总结所有的表现形式，对它们之间的内在联系进行总结。并且，我们需要明白，即便是一种表现形式，也有可能有很多含义：两个孩子做同一件事，也有不一样的意义。此外，同样是问题儿童，也有着同样的心理，但他们所表现出的形式也很有可能不同。这是因为面对同一个目标，每个人的实现方式不同。

新环境对于孩子的应对能力是一种极大的考验

在儿童成长的过程中，难免会遇到适应新环境的情况。假如这个孩子抵制新环境，他很有可能会反抗，因为这刚好刺激了他们，让他们认为自己的反抗是正确的。因此，我们可以给出这样的结论：当孩子进入新环境里，他们的错误，都是在表达对新环境的对抗，表明他们还没有做好准备去面对这样一个环境，虽然这些错误很幼稚，但实际上，即便是我们成人，也经常在犯这样幼稚的错误。

实际上，我们经常会从常识的角度来判断一个行为是对还是错，但其实这并不正确。我们的孩子之所以犯错，是因为他们的目标就是错误的，如果换成我们成人，行为也是错的。人类犯错的可能性有很多，但其实，真正的原因只有一个：人类的本性驱使。

有一些不常见却很有意义的形式，但在学校经常被忽略。比如，关于儿童的睡眠姿势。这里有一个案例：有个15岁的男孩，他经常被一个幻境困扰，当时弗朗茨·约瑟夫一世去世了，而这个男孩认为，弗朗茨·约瑟夫的幽灵进入了他的意识之中，并且让他带领一支军队去与俄罗斯作战。

在了解了这些后，我们在晚上进入了这个男孩的房间，我们发现了这样一个惊人的画面：他躺在床上，却是拿破仑指挥千军万马的姿势。第二天，我们正面与他交谈时，我们观察了他的站姿，也是类似于睡眠时的军姿。我们发现，他在产生幻觉时和在清醒状态下之间存在一定的联系，在此基础上，我们继续引导他交谈，并尝试让他明白这个皇帝还健在。很显然，他根本不相信。他还告诉我们一个细节，他曾经在咖啡厅打工时，因为身材矮小被人嘲笑。之后，我们问了他一个问题，是否知道有人跟他走路的姿势相似时，他顿了顿，告诉我们："我的老师，迈耶先生。"此话一出，就验证了我们的猜测是正确的。他将他的老师迈耶先生想象成了另一个拿破仑，并且，他还告诉我们，他一直以来都想成为一名教师。这样，我们就能解释他的幻觉问题了——他在模仿他老师的一切，而这一切，在睡觉时展现了出来。

新环境对于孩子的应对能力是一种极大的考验，如果孩子准备充分，那么，在新环境来临时，他就能自信十足地迎接；反之，他在新环境中会局促不安，会产生无能感。这种无能感会让孩子以扭曲的心态判断环境，也就是说，这种无能感与环境对他的要求是不相称的，孩子对新环境的反应也不是建立在社会情感的基础上。

我们可以说，孩子在学校的失败，不只是学校教育体系的问题，也可能是孩子自身准备不足。

因此，我们在分析儿童的格问题上，有两个考察点：

1. 如果我们要了解孩子在什么时候开始出现问题，那么，新环境的出现时间能告诉我们答案

假如一个母亲说在入学前他的孩子一直很好，那么其实她想我们理解的，远比她当下理解的要多得多。

我们的理解是，学校的付出已经足够了，但是如果孩子近几年都是这样的情况，那么，他们的付出还太少，在这样的情况下，我们要了解三年前孩子的生活出现了什么样的变化，进而将问题引出来。

刚开始孩子自信心减弱，其实是有一定的迹象的，那就是他无法调节自我去适应学校生活，并且，他们的不适应没有得到帮助和重视，这对于孩子来说，无疑是一次打击。因此，我

们需要了解到，孩子是否因为成绩差而被体罚，是否被家长责骂，这样的惩罚对于孩子的优越感的追求影响甚大，尤其是当家长告诉他们"你将一事无成"和"你会在监狱里待一辈子"时，他们更会认为自己一事无成，开始变得自卑和自暴自弃。而面对无法适应新环境的问题时，一些孩子被家长鼓励和理解了，他们则不会出现这样的情况。因此，对未来失去信念的孩子，我们必须对其进行激励和鼓舞，并且温柔、宽容、有耐心地对待他们。

2. 这种问题以前明显吗？也就是说，当环境变化时，孩子的准备不足，是否有明显的表现

对此，我们听到了很多家长的声音，比如："这个孩子经常杂乱无序"，这表明母亲经常为孩子归纳和整理；"他一直很胆小"，这意味着孩子过于依赖家庭；如果一个孩子被评价为很虚弱，那么，他很有可能带有某些生理上的缺陷，这可能让他被父母给予了过多的宠爱，他也可能因为长相丑陋而被忽视，他也有可能存在智力上的障碍，这让他成为被取笑的对象。

尽管在后来的成长过程中，这些问题可能慢慢消失了，但是他依然保留了被娇宠或被限制的感觉，这些都会影响他们适应新环境。如果我们了解到，孩子粗心大意且胆小，那么，我们可以给出这样的定论：他渴望得到别人的关注。

帮助儿童了解自己的性别角色

个体心理学认为，当儿童进入学校这一环境的时候，教师要做的第一步就是要赢得孩子的喜爱、与孩子建立关系，以此来帮助孩子培养信心和勇气。如果一个孩子笨手笨脚，老师要了解这个孩子是不是左撇子；如果孩子非常蠢笨，那么，老师要了解孩子是否能理解自己的性别角色；如果一个男孩生长在一个被女性环绕的家庭中，他们会不喜欢和男孩玩耍，而这一点会让他被人嘲笑，这样的男孩子习惯和女孩子待一起，而且，在他们以后的人生路中，他们也会遭受内心的折磨。如果一个孩子忽略了男女性别器官的差异，就会误以为男女性别可以改变，而最终，当他们发现人的身体结构无法改变时，就会尝试通过一些其他方式，比如异装和行为举止，以此来进行心理补偿。

有些女孩认为女性所从事的工作是没有价值的，因此，她们对女性的职业表现出厌恶的情绪。女孩的这种思想的产生，不只是女孩自身的原因，与我们整个文明的缺失也存在一定关联。有些职业是男性才有特权去从事的，很排斥女性，这一观念到现今社会还存在，且是利于男性的，允许男性有特权。在不少家庭里，当出生的是个男孩时，家庭成员会表现得比较欢乐，而如果是女孩，则很失望。这无疑是对女孩极大的伤害，她会陷入极度的自卑中，会限制自己的发展，而男孩则被寄予厚望，当然，也有一些国家男尊女卑的观念没有那么明显，比如美国。但即便如此，美国在社会关系方面也没有实现完全的男女平等。

孩子身上的这些特性反应了我们整个人类的思维，而要接纳女性的角色，并不是一件容易的事，意味着我们要面临极大的困难乃至反抗。对于个体来说，这种反抗表现在很多方面，比如个体的任性、固执、懒惰等，其实，这些表现也是个体对优越感的追求，假如一个女孩有这些体现，那么，作为老师，要了解女孩是否满意自己的性别。如果孩子不满意自己的性别，那么，在其他方面也会有一些表现，这会对他的生活造成困扰。比如，有时候孩子希望离开地球，去另外一个星球生活，因为那个星球上没有性别之分。这种错误的思维方式，会让孩子产生各种荒谬的行为举止，或者表现出完全的冷漠，甚至走上犯罪或自杀的道路，如果我们一味地惩罚他们，或者不同情他们的遭遇，只会加剧他们的这种错误心态。如果一个孩子从小被告知男女是平等的，并以一种审慎的态度学习男女之间的差异，那么，以上我们说的糟糕的状况，这个孩子就能避免。

通常来说，父亲努力工作且掌管了家里的经济大权，且为家庭做出重大的计划，在家里占据重要的优势地位。此时，如果家里有男孩和女孩，那么，男孩会试图向女孩展示自己的男性优势，比如，嘲笑和批评，企图让女孩对自己的女性角色失望。

　　心理学家了解到，这些男孩有这样的行为，并不是真的强大，而是内心的自卑。一直以来，人们认为女性干不成大事，但其实，迄今为止，女性就从未被培养过去做这些大事，男性总是企图说服女性就该去做一些缝补长筒袜的事，直到今天，虽然男女不平等的现象在改善，但是女性获得的培养和教育机会并不理想，我们又怎么能期待女性去做成那些大事呢？

　　事实上，我们的文明不仅阻碍了我们对女性的教育，还总是打击和贬斥女性取得的一些小成就，这样的情况在一朝一夕内很难改变。比如，在家庭里，不仅仅是父亲，就连母亲也认为女孩不如男孩，女孩就应该顺从男孩，男孩可以要求女孩顺从自己的权威，并且一直向女孩灌输这样的思想，让女孩接受这样的观念。对孩子们来说，他们应当尽早清楚自己所属的性别，并且明白这种性别是无法改变的。

　　我们都知道，一些女性之所以对男性有愤慨的情绪，是因为她们对这种与生俱来被划分好的地位不满，这导致她们无法接纳自己的性别。因此，她们在日常行为中会试图模仿男性，个体心理学将其称为"男性钦羡"。这种情况，如果再加上第二特征出现问题，如身体畸形或发育不全，往往会导致她们怀疑自己的性别，即女孩身上出现男性特征，男孩身上出现女性特征。有时，即便是成人，这种怀疑也会与身体上的其他缺陷一起扎根。

　　对男人来说，如果身体娇嫩，那么，表现的更明显，人们更加认为这个男人缺乏男子气概，认为其有明显的女性化特征。其实这样的评价并不正确，这个男人只不过是更接近小男孩的身体构造。男性身体发育不健全，他们会经常感到自卑。同样，如果一个女孩发育不完全或者外貌不够美丽，那么她也会厌恶现在的生活，因为我们的文明就要求女性必须是美丽的。

其实，人除了第二性征外，还有第三性征，包括人的性格、气质和情感。一些敏感羞涩的男孩被认为看起来像女性，而那些自信大方的女孩则被认为看起来像男性。其实，这一典型的性格特征并不是天生的，而是后天养成的。在这些人的少年时期，这些特征就已经被烙印在了脑海中，即便他们成年后也依然存在。任何一个孩子，他的行为更趋向于男孩还是女孩，这要看他们在成长过程中对自己性别角色的定位。有个我们需要深入探讨的问题是：性发育和性经验的发展处于何种程度？在教育中，我们期待孩子能对这一问题有一定的了解，实际上，我们大致能猜测出，至少有90%的儿童已经了解过这一问题了。

那么，如何解释性别的问题呢？对此，我们并没有明确的定义，因为我们不曾了解到孩子对这个问题已经了解到什么程度，也不了解他们的接受程度，更无法判定我们的解释对他们有什么样的影响，如果孩子主动询问这些问题，我们要慎重考虑后再给孩子合理的答案。另外，向孩子解释性问题不宜太早，尽管它未必会造成严重的不良影响。

特殊的家庭角色：养子女、继子女和私生子女

我们先来谈谈被收养的儿童的问题。我们曾经了解过一个被收养的孩子，当他在养父母家里生活了一段时间后，还是恶习难改、乱发脾气，让人捉摸不透。我们试图与这个孩子交谈，他却支支吾吾，对我们的问题答非所问。我们分析了他的所有情况，给出了我们的结论：这个孩子不想生活在养父母家里且对养父母心存敌意。

在与他的养父母沟通中，他们告诉我们，他们对待孩子很好，而且孩子现在的生活状态比他之前好很多。但这并不能改变什么，很多家长也认为自己一直在善待孩子，但其实，教育孩子，善待并不够，一些孩子可能会感受到你的善待，但我们不能因此就认为他们已经改变，因为，他们会认为，自己只是暂时处于有利地位。因此，这种善待并不会长久，一旦他们认为这种善待消失了，马上就会变回从前的状态。

所以，最关键的是要了解孩子的感受与内心想法，也就是他们如何理解自己的现状的，而不是我们父母从自己的角度理解。因此，对于上面这个家庭，我们告诉了养父母，孩子在你们家并不开心。

我们不能说，存在于孩子心里的不开心是否是合理的，但是我们推断，这期间在孩子身上一定发生了一些事，激发了孩子内心的负面情绪。我们告诉他的养父母，如果他们实在无

法纠正孩子现在的错误，如果没办法和孩子之间建立感情，那么，他们就应该放弃对孩子的抚养，因为孩子总是会想方设法来对抗自己的环境。果然，后来我们听说，这个男孩的脾气更暴躁了，他周围的人也觉得受到了威胁。

在养父母真诚善意的照料下，也许这个孩子的情况能有好转，但这远远不够，他们不了解真正的缘由。在进一步的收集信息后，我们了解到了更多：在这个养父母的家里，还有他们自己的孩子，而收养的孩子认为养父母给予自己的爱，不敌另外孩子的多，这当然不是一个可以乱发脾气的理由，但这个孩子认为，自己想方设法从这个家里逃出去的行为是合理的，并且，他把逃出去当成自己的行动目标。这个家庭花费了很长时间才认识到，假如自己没办法帮助孩子改正错误，那么，他们就要放弃对这个孩子的抚养。

除了这类问题，还有继子女的问题，这类问题确实比较棘手。这类孩子，要么把别人对自己的照顾当成理所当然，毫无感恩之心，要么把自己受到的严厉教育归咎于自己在家庭中的特殊位置。一些情况下，在家庭中，一个孩子如果失去了母亲那就会格外依赖父亲，一段时间后，如果他的父亲再婚了，他会觉得自己成为了新家的外人，且总是不接受继母的存在。然而，有一种更特殊的情况是：一些孩子甚至把自己的亲生父母当成继父母来看待，这表明他们在家里经常受到严厉的苛责和批评。而在一些童话故事中，继父母都被写成了恶毒的角色，而在现实生活中，也背负了不好的名声。这里，我们要说，童话故事虽然并不是最好的读物，但孩子也能从中了解一些人性的东西。

值得一提的是，成人应对孩子的阅读进行指导，那些扭曲或者残忍的内容不要让孩子去读。故事中关于刻画男性强健的部分，有时会让儿童读者变得冷漠、麻木，让儿童丧失温柔和善良，这要涉及英雄崇拜的另外一个错误，此处就不赘述了。一些男孩认为，展露同情心是有失男子气概的表现。实际上，同情心是一种很美好的情感，不该受到鄙视，大概是它被滥用和误导导致的，但无论如何，这种美好的情感都应该被发扬。

我们这里要再提一下私生子的处境，其实，这样的孩子和母亲要承受更多社会的压力，而男人则可以免于责难，这是极为可笑的一点。但其中受到最大伤害的是孩子，他会认为自己的降生是有悖于常理的，是不该降生的，他们会被嘲笑或者歧视，法律也让他们处境艰难，他们一直需要背负一种心理重担。

于是，他们敏感多疑、具有攻击性，对周围的人和社会充满不屑和敌意，因为对这些孩子来说，在别人的语言中，似乎总是找到那些侮辱到他们的字眼。这就不难理解，为什么在问题儿童和犯罪的孩子中有那么多的孤儿和私生子。因此，一些人认为，孤儿和私生子身上的反社会倾向是天生或遗传的个性，这种理论是没有依据的。

第 06 章

家庭的影响，别让家庭教育的失误影响儿童成长

    作为父母，不仅应该为孩子提供良好的物质和学习环境，还要给他们提供健康成长的心理环境，这样，孩子才会免于很多心理问题。如果一个孩子的父亲是酒鬼或者脾气暴躁，那么，他的这些糟糕的行径都会影响到孩子。父母总是吵架、婚姻不幸福，也会对孩子未来的婚姻观念产生消极影响。在心理异常的环境下长大的孩子，容易产生偏见。因此，无论是父亲还是母亲，都要学习如何帮助孩子和他人建立健康和谐的合作关系，不能让家庭教育的失误影响儿童成长。

家庭中母亲的角色解读

任何一个孩子，自从他来到这个世界，他与世界建立关系最开始的渠道就是母亲。所以，母亲在孩子心中的地位是不可撼动的，这个角色也至关重要。孩子后期与人的合作能力如何，也取决于母亲与其合作能力，如果母亲和孩子之间没有建立健康和谐的关系，那么，孩子就很难或者无法与外界的他人建立联系。

在孩子的性格中，我们无法断定哪一部分是遗传，哪一部分是后天形成的，但母亲对孩子性格的影响很大。我们常常说的母亲的能力，指的就是母子之间的合作能力，以及母亲对孩子的一些行为作出的指导的能力，这种能力并不是一成不变的，会根据具体情境而产生变化，甚至每天都会产生变化。一位合格的母亲，是能够在任何环境下都理解孩子的，是应该发自内心地对孩子表达关爱并对他的行为表示感兴趣和理解的，在这样的情况下，合格母亲的能力才会得以全面地展现。

其实，一个母亲对孩子是否感兴趣，以及对孩子的兴趣程度如何，全体现在细枝末节中。比如给孩子穿衣服、拥抱孩子、为孩子喂饭、给孩子洗澡等，如果母亲很感兴趣，就会表现得很温柔、细腻，让孩子感到快乐；而如果母亲不感兴趣，表现出来的自然就是烦躁和粗暴，这也影响着孩子的合作态度。如果妈妈不喜欢给孩子洗澡，那么，孩子也会厌烦洗澡这件事，而且还总是逃避洗澡。另外，从母亲抱自己的动作是否轻柔中，孩子都能看出来母亲的态度。所以母亲在照顾孩子的过程中，要考虑到孩子是否感到舒适，更要为孩子的各方面考虑。母亲能否很好地照顾孩子，是否能赢得孩子的好感，也在日后直接影响了孩子与人合作的态度。

然而，还有一些母亲始终认为，孩子是需要自己照顾的，她们甚至始终认为孩子是自己的一部分，应该将孩子与自己永远捆绑在一起。

我认识一位农妇，已经75岁了，她的儿子55岁了，母子俩一起生活。后来，两人都生病了，母亲痊愈了，儿子却死了。母亲特别难过，也很自责，她哭泣着说："是我没有照顾好他。"真的很不可思议，她竟然认为孩子是需要她照顾一辈子的。

作为一名母亲，如果始终把孩子当成襁褓中的婴儿，那么，就会影响他与其他人合作的能力，这不论对孩子还是母亲自身，都会产生很大的负面影响。母亲不可把所有精力放到孩子身上，孩子对母亲亦是如此。毕竟，我们的精力都是有限的，所有的关系，都需要我们用精力去维系，而如果一个母亲只关注孩子而忽略了其他关系，那么会引发下面的两个问题：

第一，溺爱孩子，影响孩子与其他人合作的能力，影响孩子的各种人际关系；

第二，对丈夫不够关心，影响孩子对父亲的态度，进而导致父子关系的疏离。

也就是说，除了母亲和孩子的关系以外，其他任何关系，包括父子、夫妻及一些社会关系，都会受到影响。而真正疼爱孩子的母亲，不仅让孩子对自己产生信任感，还会教孩子信任他人，学会与他人合作。

母亲过分关注孩子，孩子的控制欲就会被激发出来。在他们看来，母亲就好像他们的私有财产，不愿意与其他人分享，哪怕是父亲或者家里的兄弟姐妹都不行。在弗洛伊德看来，这样的孩子有恋母情结，就是我们前面所谈到的俄狄浦斯情结，这样的孩子想要和母亲结婚，甚至还会将父亲从母亲身边赶走，做出弑父的行为。但其实，我们从众多的案例中研究发现，情况并不是这样的，这些男孩依恋母亲，排斥父亲，主要是因为他们从小被母亲宠爱，认为母亲是自己的私有财产，而这种想法，与性没有任何关系。

对于那些真的有恋母情结的男孩，我们发现，这些男孩只跟自己母亲关系亲近，不喜欢与其他任何人相处，所以才把母亲当成自己的恋爱对象。他们认为世界上除了母亲外，再没人对自己这样好了，所以，个体心理学认为，恋母情结是亲子教育失败的结果，与遗传和性没有任何关系。

对于这样的男孩，如果学不会与其他人建立合作关系，那么，他只能一辈子依恋母亲。一旦离开母亲，就会出现焦虑情绪，而为了博得母亲的关注，他会表现出可怜兮兮的样子，或者跟母亲吵架，而这样，对于孩子的未来发展是十分危险的。

怎样成为一名合格的母亲

怎样成为一名合格的母亲，这并没有什么诀窍，任何一位好母亲其实都是因为对孩子倾注了感情和兴趣。

对于母亲这一角色，不少女人在很小的时候就感到好奇了，不过，她们天生具备母性，所以很小她们就学会如何照顾弟弟妹妹，当然，这与演好母亲这一角色是不同的。到了成年以后，男性和女性所要扮演的角色也是不同的，所以教养孩子的方式也有天大的差别。

所以对于女孩来说，如果我们希望她以后成为一名合格的母亲，就要从小让她正确认识母亲的角色，引导她喜欢母亲的身份，将来，她真正成为母亲的时候，才会准备充分，而不是手足无措。

然而，我们看到更多的是，在我们的生活中有很少的人会重视母亲这个角色的重要性，而我们社会的大环境就是重男轻女，男孩更被父母看重，而女孩被忽视。因此，她们对母亲的角色毫无感觉，即使到了结婚后，她们对成为一名母亲也没什么兴趣，甚至有的还会对生孩子、抚育孩子有强烈的排斥感。

其实，这一问题已经被很多人发现，但却没有很好地引起重视和得到解决，而母亲的角色对一个孩子、一个家庭乃至对整个社会都会产生重要的影响。所以，任何时候我们都应该重视母亲的角色。比如，在一些家庭里，男孩不愿意做家务。因为在他的认知里，做家务就是女人的事，而女性在这一方面不但没有得到尊重，还被认为是理所当然。

女性对待家务这件事本身，态度也是不一样的。一些女性认为做家务很有趣，能为她们带来乐趣，所以，对简单的家务她们也能乐在其中；而也有一些女性，她们认为做家务纯粹是浪费时间，女人应该和男人一样释放潜能、展现自我。然而，一个人能否展现自我，其实是从社会责任感中体现出来的，如果没有明确的目标和行动的方向，他们就不可能实现自我价值，所以做不做家务本身只是一种形式，不是决定是否能实现潜能释放的根本。在一个家庭里，女性是否对自己的角色有正确的认知，会影响到婚姻的状态和家庭的幸福。如果女性不喜欢孩子，也拒绝生孩子和养育孩子，认为养育孩子是卑微之事，那么她们就很难和孩子建立好的合作关系。而在这样的家庭中成长的孩子，他们的人生从一开始就有了残缺。而那些对母亲角色不认同的女性，她们选择其他的代偿方式来实现自己的价值，比如努力工作。但她们就是不愿意带孩子和教育孩子。如果很多女性都不喜欢和排斥孩子，那么，我们人类的生活将无法继续，人类文明也会就此停止。

当然，一些女性对孩子的排斥，也不完全是她们的错，有可能是受家庭经济条件制约，她们不得不出去工作，也有些是因为自己本身就没有被母亲抚育过，或者是受到了太多挫折使内心绝望等。

母亲过去的经历其实并不会对孩子产生决定性的影响，而真正产生决定性影响的是她怎么看待这些经历。在一些问题儿童身上，我们就发现他们和母亲之间存在一定的矛盾，而这并不是说正常的孩子身上就不存在问题。对此，我们可以说，这并不是一个方面的因素导致的，孩子的成长过程中会遇到很多事，而这些最终形成了他们的人生态度。我们不能说心理有问题的孩子一定会走错人生路，但我们可以从他们的经历中去探求他们对世界的认知和他们的人生态度。但无论如何，我们可以得出一个结论，一个母亲，如果不喜欢养育孩子，不认同自己的角色，就会给孩子的成长带来诸多问题。母亲有保护孩子的本能，哪怕自然界的动物也是如此，甚至母爱的力量超过了饥饿感的驱动力。母爱的力量与合作是分不开的，母亲经常把孩子当成自己的一部分，因为她们认为为人母的自己才是完整的。

所以，我们说，母爱有着伟大的力量，是个体追求优越感的一种方式，也是实现人生目标的一种形式，也会激发出个体的社会责任感。

一些人认为，既然母亲不合格，那么，将孩子交由保姆或送到收容所来培育，行不行呢？这种想法是可笑的。

对于任何一个孩子来说，他们最先想要了解的人永远是母亲，母亲是不可被替代的。我们在研究中也发现，那些在收容所成长的孩子，对外界都表现得特别冷淡。其实，与其给孩子换一个环境，不如改变母亲自身。

在对那些收容所的孩子进行研究的时候，我们发现，这些孩子的生活状态并不理想，而将孩子交由养母或者有责任的保姆来培育的话，孩子的生活状态会好很多。这些孩子本来就是被遗弃，或者是孤儿、私生子，要想改变他们的心理状态，必须找到有责任心的人来养育。

我们可以发现，在一些重组家庭里，孩子不愿意接纳继母，哪怕继母做得再好，她还是走不进孩子的心。这是因为孩子最依赖的人是母亲，而母亲走后，这种依赖被转嫁到了父亲身上，而继母的出现，无疑对他们的关系是一种威胁。他们认为继母抢走了父亲的爱，所以他们会产生嫉恨的心理，认为继母是自己的敌人。这一点，很多继母没有认识到，面对孩子的抗拒，一开始她们很热心，但久而久之，她们的耐心磨灭完了，虽然最后她们征服了孩子，孩子好像也听话，但这只是表面现象。孩子心里还是没有接纳继母。所以，对于继母而言，如果孩子就是不愿意信任你，而你非要强求他，那么，最后你什么也得不到。相反，假如你能认识到这一点的话，那就会减少很多家庭矛盾。

家庭中父亲的角色解读

前面，我们说，母亲在孩子心中的地位不可被取代，孩子总是先一步和母亲建立亲密关系，但这并不意味着父亲在家庭中不重要。实际上，父亲角色的重要性一点也不逊色于母亲。

在不和谐的家庭中成长对孩子来说影响非常大，如果父母都认为孩子是自己的一部分，那么，势必会伤害到孩子。从母亲的角度看，母亲希望孩子属于自己，而不愿意让孩子拓展自己的合作范围。比如和父亲合作、和其他人合作。从父亲的角度看，父亲为了与孩子建立更亲密的关系而讨好孩子，其实，这样的关系是很容易被孩子察觉到的，他会感觉到自己是父母之间谋取好处的砝码。试问，这样的家庭关系，怎么能培养出有很好的合作态度和合作能力的孩子呢？

父母的婚姻幸不幸福，孩子是能很清楚地察觉到的。如果父母婚姻不幸福，孩子以后的婚姻也很容易出现问题。比如不信任伴侣，不能用正确的教育理念来养育孩子，甚至不愿跟异性接触，认为自己不应该结婚等。

其实，正确的婚姻观是两个人因为爱走在一起，然后相互付出、扶持和努力，让彼此开心，一起抚育孩子。所以，夫妻双方不应该有一方的地位过于突出，否则就会失去和谐。比如，如果一个家庭里面父亲是个暴君，喜欢控制妻子和孩子。那么，孩子的婚姻观就会受到影响。如果是个男孩，他很有可能和自己的父亲一样，以后也会这样对待自己的妻子和孩子。相反，假如母亲的家庭地位过于突出，母亲总是在挑剔其他人的行为，那么，女儿会有样学样，成为与母亲一样尖酸刻薄的人；而男孩则会刻意讨好母亲，如果家里的姑姑、姐姐等女性总是挑剔自己，那么，男孩就会形成胆小怯懦的性格，一到公共场合就喜欢躲在角落，甚至不敢接触异性，时间一长。就会形成逃避型行为习惯，在遇到困难时也总是纠结是不是应该逃避。无疑，这样的孩子不会积极乐观，也很难树立正确的与人合作的态度和训练出较好的合作能力。

在原生家庭中，如果一个男人和自己的兄弟姐妹、父母相处融洽，说明他是个善于合作的人，但是男人终究要成立自己的小家庭，要远离原生家庭而进入新生家庭。当然，这并不是意味着他要与原生家庭断绝关系，只是他要认识到自己应该独立了。假如两个被父母过分宠爱的人结婚了，结婚后他们还会以父母为中心，无法把自己辛辛苦苦建立的家当成"真真正正的家"，夫妻关系自然会受到影响。

一些父母，即使他们看到儿子已经结婚了，但还是会关注儿子的婚后生活，甚至小夫妻之间的事都要管，这样的话，年轻妻子会觉得自己不被尊重，让自己很不舒服。这样的情况我们在那些被父母反对却走在一起的年轻夫妻身上发现得更多。父母反对儿子的婚事，大可以婚前反对，但是既然结婚了，就应该让儿子幸福，而儿子应该要明白，既然建立了小家庭，自己就是这个家庭的男主人，父母反对说明他们与自己的想法不同，而自己最应该做的就是向父母证明自己是对的。其实，在小家庭里，夫妻未必一切都要听从父母的，我们所说的尊重长辈，并不是什么都听父母的意见，如果夫妻双方能独立地解决婚姻中的问题，那么问题就会简单得多。

　　对于孩子来说，要想让孩子健康成长，首先需要父母建立幸福美满的婚姻。这一点，我们首先从丈夫的角度来说，丈夫首先要做的就是关心和爱护自己的妻子，把妻子的幸福当成自己努力和奋斗的目标。主动表达对妻子的爱，妻子幸福了，整个家才有可能幸福。

　　事实上，无论男女，只有把对方的幸福放在第一位，才是真正意义上的合作，给对方的爱大过给自己的爱，这才是真正的爱情。

　　另外，夫妻之间表达爱，不能过分。因为夫妻之间的爱，与亲子之间的爱是不同的，夫妻之间太过亲密，孩子就会产生一种感觉：父母太相爱了，他们不会关注我。所以，孩子很有可能在父母之间制造事端，以吸引他们的注意力。

　　对于孩子的性教育问题，我们也要重视。通常来说，在家里，男孩子提出这样的问题是由父亲解答，而女孩子则由母亲解释。但我们要注意，无论孩子提出什么问题，我们只要回答其该年龄段应该知道和了解的部分就好，不可说得太多，让孩子产生过多的好奇心。一些父母，随便地告诉孩子性知识，但是又不给出清晰的解释，这样对孩子是没好处的，最好的教育方法就是告诉孩子他们想要了解并且他们可以接受的部分，从他们的角度考虑他们应该知道些什么。其实，我们只要让孩子明白我们的真诚，让他们感受到我们想帮助他们解决问题的态度，孩子就愿意与我们合作，进而避免出现很大的错误。

怎样成为一名合格的父亲

作为一名父亲，他所承担的三个角色是：丈夫、父亲和社会的公民。对于爱情、婚姻和事业，他应该有好的调控能力，在婚姻里，他应该平等对待自己的妻子，与其和谐、友好地相处，他应该理解妻子的角色，而不是认为自己是家里赚钱的人，所以可以对妻子颐指气使。要知道，男主外、女主内，只是长期的文化导致的现象，男女只是分工不同，并没有高低贵贱之分。实际上，在一个家庭里，谁有能力谁赚钱，这不该成为影响家庭和谐的因素。

另外，父亲对于孩子的影响不可忽视。父亲与孩子的关系如何，会直接影响孩子的人生态度，父亲可以成为孩子的榜样，也可以成为孩子的敌人。任何错误的教育方式，都来自父母不友好的教育方式，比如体罚。相信在不少家庭有体罚的现象，体罚对孩子的负面影响是巨大的，而体罚孩子的一般是父亲，尤其是当母亲的说教没有起到作用时，母亲经常会丢给孩子一句话："等你爸回来收拾你。"这样孩子就会认为，父亲是家里最权威的人。

父亲经常体罚孩子，也会伤害到父子之间的关系，孩子会畏惧而不想靠近父亲。母亲让父亲充当惩罚孩子的角色，本来担心的就是孩子的疏离，所以这样做是不明智的。表面上，母亲是借助了父亲的力量，但孩子是敏感的，他们只会讨厌这一点，孩子也会对一名男性应该承担的社会角色形成错误的认知。反过来，假如一名男性能处理好家庭成员的关系，能演好三个角色，那么，无论是对家庭，还是对社会，都是有益的。在家庭中，他会成为家庭的中心支柱，是孩子和妻子的依靠，而在社会上，他会工作顺利、人际关系良好，得到他人的认同和支持，能接受新事物、建议等，这样的父亲无疑是孩子与人合作的最佳榜样。

多半家庭的模式是男主外、女主内，但如果夫妻两个人活动的圈子的交集太小，和谐的关系就会被破坏。其实，丈夫可以将自己的妻子介绍给自己的朋友、同事认识，如果他不喜欢妻子介入自己的社交圈子中，那么，夫妻关系很容易出现裂痕。

也就是说，男人最好别把家庭当成家人活动的中心，而是应该让自己和家人多接触社会，同时也要让孩子知道，家庭只是社会的一个小单元，在家庭之外，还有更广阔的天地。

任何一个家庭，都不可避免地要谈到经济的问题，对于那些不参加工作的家庭主妇而言，她们对这一问题更敏感，如果她们被人指责不够节约的话，她们会认为受到了很大的伤害。不过经济问题始终是夫妻双方要共同面对的问题，如果二人能够有一致的消费理念，就能避免因经济而产生的矛盾。

作为父亲，要认识到，不是赚到了足够的钱就能家庭和谐，就能够让孩子健康快乐地长大。有这样一本书，作者是个美国人，在这本书里，有这样一个故事：

有一个成功人士，他从贫苦时期一直努力，终于成为一名富翁。他受够了贫穷的滋味，所以他希望自己的后代永远富足，为此，他找来了自己的律师，问律师如何解决这个问题，律师问他想要保障的是几代人，他的回答是"十代"。律师告诉他："没问题，不过我要先声明，等到了第十代大概会衍生出500个人，这500个人都跟你存在血缘关系，当这些人都找上你的时候，你还打算认他们吗？"

这个例子听起来很可笑，也很极端，但我们却能发现一点，我们任何人不可能脱离社会而存在，不管你为后来子孙考虑得有多么长远，都是为社会服务的一个表现而已。

每个人都希望自己的父亲能扛起家庭的责任，在这一问题上，妻子与孩子能给男人一定的帮助，但是最重要的还是男人自身。实际上，男人承担了更突出的经济责任，所以男人必须出去闯荡，去赚钱，进而为整个家庭赢得更好的社会地位。父亲的工作态度对孩子的性格也会产生影响。比如，父亲认真积极地工作，孩子就会积极、勇敢、坚强。所以，男人应该学会勇敢面对问题，并且训练出属于自己的处理问题的方法，而不是光说不做，这样的男人只会让孩子感到失望。

体罚真的对孩子有效吗

在孩子成长的过程中，我们发现，孩子总会犯这样那样的错，对此，可能很多父母相信棍棒比说教更能让孩子牢记错误。当孩子犯错的时候，他们会采取严厉的惩罚措施，甚至体罚。体罚正是很多家长对孩子常用的方式，包括打搂、罚站、面壁等。由于体罚总伴随着家长的情绪爆发而产生，所以容易使孩子产生逆反心理或委屈情绪，甚至导致自信心的丧失，这对于孩子的成长极为不利。

我们遇到过一个男孩，15岁，是家中唯一的儿子，他的父母都是勤奋的人，他们都努力工作，希望提升家中的物质条件。他们一直关心男孩的身体健康，并给他提供好的生活，男孩的童年是快乐的。

男孩有个非常善良却软弱的母亲，她总爱哭，在与她的谈话中，我们发现她提升孩子的家庭条件的同时也影响了孩子的性格，她在描述自己儿子时说他是个好动、诚实、热爱家庭且自信的好男孩。

小时候的他很不听话，为此，父亲总说："如果我不瓦解他的顽劣，将来他要无法无天了。"这里，他的父亲使用了"瓦解"一词，意思不是引导男孩，而是一旦孩子淘气就运用武力解决。因此，年幼的孩子就开始反抗父母，想要成为家里的主人，他的身上同样有那些被宠坏的独生子女的问题，总想着主导他人，一旦他的父亲没有打他，他就绝不服从。

其实此时，我们已经猜到这个孩子身上已经出现一种明显的性格特征。于是，在询问了他的母亲后，我们的猜测得到了证实，为了逃避父亲的惩罚，他开始学会了撒谎，撒谎是一个很严重的问题，而这也是他的母亲求助于我们的初衷，现在的他已经15岁了，但是他父母根本不知道他平时说话哪句是真，哪句是假。

再继续询问后，我们了解到了关于他的更多的信息，原来前段时间他在教会学校上学，他的老师也抱怨他淘气顽劣，无法好好听课，经常上课时打扰老师、不服从管教。比如，老师提问的对象不是他，他却抢先回答了问题，或者打断老师讲课，再或者在班级内大声喧哗，他的行为已经开始超出界限了。他的父亲还是采用体罚的方式，但越是这样，他越是撒谎。一开始，他的父母还希望他能留下来继续学习，但是一段时间之后，他的老师告诉他们，这个男孩已经无可救药，学校也无法管教他了。

实际上，这个男孩看起来开朗大方，活泼乐观，智商也能得到老师的认可，但实际上并不像表面看上去那样。他从公立学校毕业后，不得不参加高中的入学考试。考试结束后，他的母亲一直在等待结果公布，后来他告诉母亲说自己通过了考试。家里的每个人都很高兴，还一起去度假。男孩也很开心。

一段时间后，男孩如期去高中学习，男孩表现得很乖巧，每天按时上学和回家，且每天中午回家吃饭，但是有一天，他的母亲陪他去往学校时，听到路上有人指着他说："看，就是那个男孩，今天早上是他带我找到了去车站的路。"母亲顿时愣住了，问男孩到底怎么回事？是不是今早没去学校？男孩回答说，学校放学很早，10点就下课了，下课了以后他才给人当向导的。母亲觉得他的话可疑，回家后就将这件事告诉了父亲，在父亲不停地逼问下，他终于"招供"：孩子没有通过入学考试，也从来没有去过高中，这些天来他就在街上闲逛。

后来，为了帮助孩子，他的父母给他请了家教，他也顺利通过了高中的考试，然而，即便如此，他的行为并没有改变，还是喜欢撒谎和捣乱，甚至开始做一些小偷小摸的行为。他从母亲那里偷了一些钱，但却不承认，最后，他的父亲说要送他去警察局，他才承认了自己的行为。

现在，他们要面对的事实是：他的父母已经完全不想再管他了，想让他自生自灭，这让他痛苦不已。尤其是他的父亲，他一度认为自己的教育方式是正确的，但现在对他也彻底失望了。现在，他用孤立孩子、让其独自一人处理事情的方式来惩罚这个男孩，他的父母也表示，从今以后再不会打他，但也不会再给他任何的关心了。

我们与男孩的母亲谈话中，问她男孩从什么时候开始出现问题时，她说从出生时就有了。他的母亲这样说，我们认为她是想告诉我们，男孩的父亲采用了很多的方法帮他改邪归正，但都失败了，所以她认为男孩的所有恶习是天生的。

她的母亲说："他在襁褓里时都就很不安分，总是哭个不停，可所有的医生都说，孩子很正常，也很健康。"

这段话并没有那么简单，其实，婴儿啼哭很正常，尤其是在这个案例中，男孩是家里唯一的孩子，母亲也是第一次养育孩子，孩子一般是尿湿了裤子，或者哪里不舒服才会哭，但这位母亲只要听到孩子哭，就将孩子抱在怀里，不停地摇晃，给孩子吃东西。其实，她应当做的是找到孩子哭泣的真正原因，然后让孩子感到舒适，而不是将目光过多地放在孩子身上，让孩子找到驾驭母亲精力的方法。

他的母亲说，在说话、走路和长牙这些问题上，他都是正常的，不过他在玩玩具上有个习惯——在玩了玩具以后习惯性破坏掉。不过，即便如此，我们不能因为这一点就断定孩子行为不正常，我们留意到他的母亲说的一句话："他总是无法独处，即便是一分钟也办不到。"那么，作为母亲，如何让孩子学会独处呢？答案很简单，家长必须让孩子在没有成人打扰的状况下，一个人全神贯注。很显然，这个母亲没有做到这一点，后面，我们听到的一些言论证实了我们的想法。例如，男孩总是想方设法为母亲找事做，让母亲停不下来，这也是他为了诱导母亲娇惯自己做的最初的试探，也对他后来的人生产生了极大的影响。

为什么会如此呢？这是因为在社会情感方面，他的母亲只提供了一部分刺激，他的父亲虽然严厉责罚他，但是他们都未能对孩子的社会情感给出进一步的引导，一直以来，他的社会情感都是围绕母亲进行的，因此他认为，只有母亲才会关注他。

虽然这个男孩也是在追求优越感，但这并不是指向社会生活中的积极层面，而是被自己的虚荣心占据。为了帮助他重新走向正确的方向，我们必须重新开始塑造他的性格，帮助其重拾信心，这样，我们的指导意见他才能听进去。另外，我们要带领这个孩子扩大社会接触面，以此弥补他的父母在对其社会情感教育方面的不足，我们还要鼓励他让他与他的父亲和解，这些都不可操之过急，要让他逐步认识到自己曾经生活方式的错误。如果他不再把兴趣只放在母亲身上，而是转向社会生活，那么，他的独立性就会增加，并且他会逐渐将自己对优越感的追求转向社会生活积极有益的方面。

出生顺序对儿童的人格塑造很关键

作为父母，如果家中有好几个孩子，那么，不同孩子的处境，他们会经常忽略或误解。实际上，长子的处境和地位比较特殊，很长一段时间内，他是家里唯一的孩子，而次子无法了解这种处境和经历。家中最小的孩子的处境，家长也未必理解，他一直是家里最弱小的孩子，他们的处境不同，但也会产生微妙的变化。比如两个孩子一起长大，年龄大的、能力强的孩子，克服困难的能力就强，而能力弱的孩子，则会处于相对不利的位置。此时，弱小的孩子就容易产生自卑感和无力感，他（她）就会加倍努力，以此超越比自己强的哥哥或姐姐。

那些富有经验的个体心理学家在研究中，通常很容易判断出孩子在家中的位置，如果家中年长的孩子取得进步，那么，年幼的孩子就会被激励，进而更努力，以此超过年长的孩子，而假如年长的孩子因为体质差或者无法取得进步，那么，这种激励作用就很小或者不存在，因为他（她）无需与年长的孩子竞争。

所以，了解孩子在家庭中的位置很重要，只有了解这一点，才能更好地了解孩子的行为特征，如果是最小的孩子，通常就会有他是最小的孩子的行为特征。

接下来，我们依次分析：

（1）长子

前面，我们已经阐述过，一个孩子在家庭中所处的位置与其性格特征的形成有着莫大的关系，这一点，我们可以进一步说明。如家中的长子有着很多的共性，且可以被划分为几个主要类型，我们本书的作者致力于长期研究家中长子的个性、心理特征及教育问题，但一直没有明确的答案，直到他偶尔在冯塔纳的自传中读到一段文字。

冯塔纳在传记中描述了他的父亲，他的父亲是一名曾经参加了波兰对抗俄罗斯的法国移民士兵，在谈到一个细节——一万波兰士兵打败了五万俄罗斯士兵，并让这些俄罗斯士兵丢盔弃甲时，他的父亲显示出无以名状的兴奋，冯塔纳却不能理解父亲的快乐。因为在他看来，一万波兰士兵必然要强于五万俄罗斯士兵，他认为强者应该一直强大。

从这里，我们能发现：冯塔纳是家中的长子！这不是随意猜测的结论，而是有理论依据的事实，因为只有长子才会说出这样的话。冯塔纳回想起自己的经力，他曾经是家里唯一的孩子，后来被弱小的弟弟妹妹取代，他感到十分不公平。

事实上，在长期的研究中，我们发现家庭中的长子都有这样一些特性：行为保守、相信权力、遵循规则、崇尚法律。即使父母专制，他们也接受，且没有任何的反抗之意，对于家庭中所处的位置和拥有的权力，他们态度积极，因为他们曾经一度处于这样的位置。

就像我们说的那样，任何事都不是绝对的，即便是长子的情况，也有例外。这里，我们要提到一个案例：一个儿童生活中至今为止都被忽略的问题。如果一个男孩在家中一直是长子，突然家里多了一个妹妹，那么，他的情况会更糟糕，大家可能只是认为这个男孩没有自信、内心困惑，却忽略了他的幼小的妹妹到来的事实，并且，他的妹妹可能会比他更聪明。

事实上，在不少家庭中，都有这样的情况，要知道，一直以来，男人被看得比女人更重要。当家中第一个出生的是男孩时，父母对他往往有更高的期望，他也处于自信的位置，但自从妹妹出生后，他被溺爱的位置瞬间被妹妹夺走了，他讨厌妹妹，他会和妹妹竞争。而这样的竞争心态也会促使妹妹超越哥哥，在她没有放弃之前，她会加倍努力，并表现出比哥哥更快的成长速度。瞬间，这个男孩的男性优势地位被威胁了，此时，哥哥不再确定自己的优势。另外，我们都知道，在人类生理成长速度上，女孩在14岁到16岁身心的发展都比男孩快。因此，原本哥哥内心的不确定要因妹妹的优势而被彻底摧毁，很快，他将会彻底丧失自信心，也会放弃竞争，做一个彻彻底底的逃避者。

　　在这样的家庭模式下，年长的男孩可能会表现出无所适从、焦虑、极其懒惰、神经质、绝望等，因为他已经放弃了和妹妹的竞争。在长大后，他很可能会仇恨女性，甚至到我们无法想象的地步。他们通常命运多舛，但却得不到他人的理解，也无法与人解释，有时候，面对糟糕的状况，他的父母可能会抱怨："为什么不反过来？为什么不是一个女孩？为什么不是一个男孩？"

　　在家里有很多姐妹却只有一个男孩的家庭中，这样的男孩在性格方面有很多共性，在这样的家庭模式里，女性占据了主导地位，男孩要么被溺爱，要么被大家排斥，虽然男孩个性不尽相同，但是我们依然能找到共同之处。

　　因此，我们可以说，一个男孩，不该只是被女性抚养。当然，这并不是生理学的含义，因为男孩的母亲本身就是女性，这里的含义指的是男孩不该在女性众多的环境下成长，这一观点并不是歧视女性，而是表明这样的环境对男孩成长的负面意义。那在男性氛围中长大的女孩，同样也可能存在这样的问题。男孩们会看低女孩，而女孩也会通过尝试模仿男孩，以此获得平等。可以说，这对他（她）未来的生活都没有任何好处。

　　即便再开放的教育观点，也不允许将男孩和女孩用同样的方法抚养。一段时间内，可能可以，但是很快出现的教育问题就会让家长清醒。要知道，男女在社会和生活中所担任的角色是不同的。男女身体结构也存在很大差异，男女在择业选择上也有很大的不同。比如，一个女孩如果不满自己女性的身份，那么，她就很难调节自我去适应女性的角色。在结婚这一问题上，她们也会反对结婚，即便要结婚，她们也会适度控制伴侣和家庭，而反过来，如果男性被像女孩一样抚养，那么，他也会遇到很多类似以上我们提到的这些问题带来的困扰。

（2）次子

次子在家庭中的处境与其他孩子不同，他们自打出生，就必须要与人分享父母的爱，上面还有一个长子，他们更会努力赶超。

其实，有很多表现能帮助我们看清一个人是否是家里的次子。比如，他喜欢比赛，喜欢赶超他人，在很小的时候，他们就总是告诫自己要努力。这种情况，《圣经》中也有，比如雅各的故事，就是为我们展现了一个次子的成长心理。雅各很想做第一，取代老大的位置，所以不断攻击。

在现实生活中，在一个家庭里，如果有多个孩子，那么，老二一般更有出息，更容易成功。他们之所以更容易成功，是因为他们一直在努力超越他人，就算成年后，如果他们离开家，他们也会寻找一个更优秀的目标。

另外，长子和次子的梦境，也有很大的区别。长子一般会梦见自己站在高处，随时都有可能摔落的危险，而次子则梦见自己在与人赛跑，或者与人比赛，或者在追赶火车。这说明他们渴望超越他人，所以，我们从一个人的梦境中，也大致能判断出他在家里的长幼次序。

这里，我们需要说的是，孩子在家庭中的排序并不是决定一个人发展的主要因素，主要因素取决于他所处的环境。毕竟，我们经常会看到，一个出生较晚的孩子。与家里的长子的处境很像。再比如，两个孩子出生的间隔很短。而第三个孩子较晚出生，又经过一段时间，家里又出现了两个孩子，而此时，我们发现，家里的老三在很多方面和长子很像。

所以，我们说的次子并不只是出生顺序上的，关键在于性格差别。比如，一些家庭里孩子很多了，但是又出现一个"次子"，再比如，家里两个孩子的年纪差不多，那么，这两个孩子身上的特质可能会很像。

有时候，家里的长子会通过斗争的方式来保全自己的地位。而家里的次子就成了他打击的第一个对象，如果长子是男孩，第二个孩子是女孩，那么，长子在心理上受到的冲击会更大，因为一般男孩不允许自己被女孩打败。所以，同一家庭中，一男一女之间的竞争，往往比两个男孩或者两个女孩的竞争更激烈。

而此时，女孩更占优势。要知道，根据女孩的生理发展特点，女孩在16岁以前的身心发展是很快的，她们在很多方面表现得比男孩优秀。而此时，作为长子的男孩会放弃斗争，表现出失落的情绪，此时，女孩就赢了。

但作为父母，我们要知道，家庭成员之间的地位是平等的。要互助合作而不是竞争，也不应该让孩子花费时间和精力彼此对抗，这样，无论是孩子还是整个家庭才能持续健康地发展。

（3）最小的孩子

我们还发现，在很多照片中，家里最弱小的孩子总是站在前排，其实这是很多最小的孩子自己的要求，父母同样也会满足他们的这一要求。之所以要重点强调这一情况，是因为此时我们需要考虑到心理特征的遗传作用。在不同的家庭中，最小的孩子有如此相似的行为特征，恰巧否定了遗传的作用。

还有一种关于最小的孩子的行为特征，与我们前面说的那种完全相反。这类孩子完全没有斗志，他们彻底失去自信、行为懒惰，这两种孩子看上去完全不同，怎么会都是家中最小的孩子呢？实际上，我们能从心理学对这一类孩子给出解释，一个人越是渴望超越所有人，那么，他越是容易受打击，这种无节制的野心让他心情抑郁，如果他遇到了无法跨越的困难，那么，他们远比那些没有强烈的野心的人更容易丧失自信。从这两种看似差异极大的孩子身上，我们验证了这样一句谚语："要么是凯撒大帝，要么什么都不是。"

在《圣经》中，我们会发现，它关于最小孩子的描述与我们的发现几乎一致。例如，约瑟夫、大卫、索尔等人的故事。对此，一些人可能会反驳，比如，约瑟夫有一个弟弟，也就是本杰明。可是，本杰明出生的时候，约瑟夫已经17岁了。因此，约瑟夫依然可以看作是家里最小的孩子。在生活中，我们发现，在很多家庭里，长辈们总是支持最小的孩子，无论《圣经》还是童话故事中，我们都能看到，最小的孩子最后都比自己的哥哥姐姐优秀，在全世界的很多国家，比如俄罗斯、北欧或中国的童话故事里，我们无法用巧合来解释这些统一的现象，或许这是因为在久远时代最小孩子表现出来的个性特征比现在的孩子更鲜明。这样的情况下，我们反而要更深入地研究了，因为在条件简单的情况下，更容易观察到孩子的真实情况。

不过，我们还是要承认，在那些问题儿童中，长子和最小的孩子占据了很大的比例，之所以这样，还是因为他们被家庭成员过分宠爱，他们一边对未来雄心勃勃，一边又缺乏勇气、极为懒惰。其实，懒就是野心和懒惰的综合产物，因为一个人野心太大，往往也会觉得目标遥不可及。其实很多家庭里最小的孩子都承认自己的野心，他们一边期望自己成为人人羡慕的佼佼者，一边因为实现不了自己的目标而感到颓废沮丧，与此同时，他们的自卑感也就产生了。这一点，与他们的生活环境有着极大的关联。另外，他们的哥哥姐姐也比他们身体更强壮，生活经验也更丰富，所以他们的选择有限，要么他们会选择超越，要么陷入自怨自艾的自卑中。

其实，我们生活的社会中，何尝不是如此呢？人际关系中。很多人都在努力成为一个征服者，希望超越他人，而这些与我们的早期记忆都有着很大的关系，尤其是在原生家庭中受到不公平的对待和遭遇的孩子。所以，作为父母，我们必须要认识到培养孩子的合作意识和合作能力的重要性，只有这样，才能尽量避免早期记忆的负面影响。

第07章

学校的影响，学校是弥补和纠正家庭教育失误的关键

　　个体心理学认为，弥补家庭教育的不足，是学校存在的意义。假如父母本来就能独揽孩子的教育问题，而且能引导孩子树立正确的人生态度和培养良好的合作态度及能力，让孩子独自解决生活中遇到的各种难题，那么学校的存在就没什么意义了。因此，作为学校的教育工作者，要重视儿童入学时的心理状态、引导儿童树立学习兴趣，帮助儿童克服困难，让儿童在学习到知识的同时，学会如何与人合作，为未来步入社会做好准备。

学校是弥补和纠正家庭教育失误的关键

看一个儿童的社会情感程度如何，就需要观察其在刚入学时的表现，这是因为对于儿童来说，学校是一个全新的环境，他们在此时的表现，对他们来说是全新的考验。

不过，令我们失望的是，在这一问题上，家长普遍表现出缺乏准备和认知，所以即便是成人，在回想自己第一次入学时，都认为那是一场挥之不去的噩梦。当然，一些有责任心和教学经验丰富的学校能弥补中间的不足，这就好比为孩子在学校和家庭之间建立了一个平台，它不仅仅是一个学习书本知识的地方，也是传授生活经验的地方。

不过，尽管我们期待这样的学校存在，借以弥补父母在家庭教育中的缺失和不足，但同时，我们也看到了现实的问题——父母确实在这一问题上存在严重的不足。

我们在分析家庭教育的不足时，通常认为这只是一个切入点，也就是说，对于儿童来说，学校并不是最理想的环境，这就是很多儿童因为父母没事先教导孩子如何在学校与人相处，而导致孩子在学校被人独立和排挤，让孩子感到十分孤单。

随着时间的推移，孩子在学校的孤独感会越来越重，甚至慢慢出现各种问题，成为大人眼里的问题儿童。一些成人认为这是学校教育没做到位，其实这不过是家庭教育的问题逐渐表露出来而已。

因此，在个体心理学领域，一直有一个备受争论的话题——问题儿童在学校能否取得进步。无论如何，我们需要确认的是，当孩子入学时遭遇挫败，我们成人就要重视起来，这是一个危险信号，这种危险不只是学习上的，更有心理上的。这表明，孩子开始对自己丧失信心，会产生挫败感，会尝试通过另外一种途径来寻找自己的自由之路。然而，这条所谓的"自由之路"通常是不被认可的，是不被社会接纳的，是一条自我的、自认为可以提升自我的心理补偿的路，这条路可以帮助个体快速获得心理优越感，因而对他充满了吸引力。相比那些正常途径，这些不顾及社会道德和责任感的路，可能更容易让他们表现突出，满足他们的征服欲。但是，这些看似能满足他们优越感的路，其实正彰显了儿童内心的软弱，虽然表面上看他们很有勇气，内心则不然。所以，他们只会尝试做一些他们有把握的事，以此来证明自己。

比如，那些违反社会规范和法律的人，表面上看，他们天不怕地不怕，实则内心十分怯懦。在一些细小的动作下，孩子内心的怯懦往往展现无遗，这就是为什么我们会发现一些儿童在站着的时候会倚靠物件。按照一些传统的方法，儿童的这些症状也许会被治疗，但潜在的问题还是没有得到根治。我们常听到成人会这样告诫孩子："不要总靠着别的东西。"事实上，问题并不是孩子倚靠某个东西这一行为，而是其想要得到别人支持的心理需求。也许成人能通过各种方法，比如惩罚、奖励等，让孩子放弃这样的行为，然而，孩子内心的需求并没有得到满足，问题还会继续。

一位智慧的教育工作者，能读懂和理解孩子的这种需求和软弱，进而用理解和同情来根治孩子的这一潜在心理问题。而且，他们能在一开始就根据孩子的某一迹象推出孩子的很多品质或者成长问题等，对于我们所说的喜欢在站立时倚靠某些东西的孩子，他们会推断出这样的孩子存在焦虑或依赖的特质，然后才能根据熟知的案例来帮助其重建人格。所以，我们可以说，需要我们治疗的这类儿童属于被纵容的一类。

不得不说，学校的作用是巨大的，学校的教育不仅影响着孩子在学校的学习，更掌握了孩子在未来社会中的成长和发展。学校处于家庭和社会之间，为孩子提供了教育和培养的平台，也有机会弥补孩子在家庭教育中的缺失，有责任帮助孩子为适应社会生活而做好准备，也有责任帮助孩子在未来社会中扮演好自己的角色，为社会尽一份力。

纵观历史上的学校，我们发现，一直以来，学校都在根据不同时代的社会理想来塑造我们的孩子。在以前，学校的种类很多，比如贵族、宗教、阶级和民族学校，但其目的都是为了适应统治者和时代的要求。当今社会，时代在改变，我们教育的目的也要改变，如果今天的成人的理想目标是成为自立、自主、自律、勇敢的人，那么，我们的学校也要按照这一目标进行调整。

　　也就是说，作为学校，不要把学校作为教育孩子的终点，终极目标应该是让孩子适应未来社会。即便是有些孩子自暴自弃，教育者也不可放弃。

　　其实，这些孩子也有很强烈的追求优越感的愿望，而且这种愿望并不比那些看上去成绩优异的孩子低，只是，他们并没有将精力和注意力放到成绩上，而是放到了在教育者看来"不正当"的事上。

　　在这些事情里，他们感受到了自由，不论这些事的对错，也不可否认这些事确实容易做到，当然，也有可能他们在很小的时候就已经曾在这些事上进行过探索。但总的来说，即便这些孩子无法成为使别人骄傲的数学家和知名人士，但也许他体育成绩或其他方面突出，因此，我们不可贬低他们，而是应当将其视为教育的一个切入点，鼓励孩子在其他领域内，也做出同样的成绩，如果教育工作者能认识到这一点，并从孩子的长处出发，用他们的成功鼓励他们，告诉他们在其他领域也同样能取得如此成绩，那么，孩子往往会真的朝着更优秀的方向努力。实际上，除了那些真的在智力上有所欠缺的孩子，大部分孩子都能完成学校的任务。

一定要重视儿童入学时的心理准备状态

前面，我们提及，当孩子从家庭进入学校，学校对他来说是一个全新的环境，新环境的来临刚好是对孩子从前培养情况的试金石，如果孩子做足了准备，那么，孩子就能很快适应。如果准备不足，很多问题就会显露出来。

相对于其他阶段的入学来说，孩子进入幼儿园和小学时的心理准备情况如何，更能揭示孩子心理准备的情况。假如我们进行了记录，那么，我们能从孩子在长大后的一些行为模式中看出一些端倪来。

那么，孩子从家庭进入学校，学校会提出哪些要求呢？孩子需要配合老师的教学工作、与同学友好相处、认真学习。孩子到了学校，我们能看出孩子的合作能力及其兴趣范围，能发现孩子喜欢的科目，是否对其他事物感兴趣，也能从他的言行举止等方面观察出孩子适合与什么样的老师相处，是亲近还是逃避，这些细节都对孩子的心理发展产生重要影响。

这里，我们提及一个事例，有这样一个人，他因为职业上的困难去咨询医生，心理医生让他对童年进行了一番回顾，他告诉医生，自己的生活中全是女性，在他出生后不久，父母就离世了，他和姐妹们生活在一起。当他要上学时，他矛盾了，不知道是去女子学校还是男子学校，后来在姐妹们的劝说下，他还是去了女子学校，但时间不长，他就被勒令退学了。我们可以想象，这件事对孩子的心理产生了多大的影响。

我们还可以通过孩子是否上课专心来看出孩子对老师的兴趣如何，这就体现出教师的教学艺术。如果孩子入学后总是上课不专心，不能集中注意力，那么，这类孩子多半是曾经在家庭里被娇宠惯了，到了学校后，他们的世界突然多了很多陌生人，他们会感到迷茫，如果老师再严厉点，他们会表现出记忆力差的症状。其实，他们并不是真的记忆力不好，除了学习以外，他们在其他任何事上甚至做到过目不忘。从学校回到家里时，他们同样能表现出良好的注意力，只要不是学校的功课，他们都能集中注意力。

如果孩子在学校难以和小伙伴友好相处，且成绩不理想，那么，对他们批评和惩罚是起不到良好的效果的，他们并不会因此而改变自己的行为方式，他们只会因此而认为自己根本不适合学校生活，进而变消极悲观乃至厌学。对于这样的孩子来说，如果他们被学校老师喜欢，他们会表现得非常出色，如果他们将优越感放到了积极有益的方面，他们就能成为优秀的好学生。

但是，我们不能保证这样的孩子始终能在学校被老师"娇宠。"比如，学校换了新的老师，或者孩子换了一个学校，或者他在某一科目上出现了学习困难（尤其是数学），他们都会突然停下奋斗的脚步。之所以如此，是因为他们早已习惯周围的人帮助他们将事情变得简单和容易，他从没有被训练去努力达到生活目标，甚至不知道该怎么努力。所以，如果遇到困难，他们也缺乏勇气和耐心去克服困难，难以让自己变得更卓越。

我们再来谈谈，良好的入学准备是怎样的。如果一个孩子准备不足，我们能从其身上看到他母亲对他的影响，因为母亲是与孩子接触的第一个人，孩子的兴趣是母亲激发的，母亲在引导孩子将兴趣转移到积极健康的渠道方面发挥着不可取代的作用，如果母亲不负责任，那么，孩子的行为也会不负责任。当然，父亲也影响着孩子，还包括很多其他复杂的因素。比如，孩子和同伴之间的竞争、不良的社会竞争环境与社会对孩子的偏见，这些我们在后面的章节中都会进行讨论。

简单来说，孩子入学准备不足的原因有很多，但我们不能只拿孩子的成绩单来评判其在学校的表现，成绩只能作为一个切入口，我们能从中了解到孩子的能力、兴趣、专注力等方面在学习上的体现，不只是孩子取得的分数，学校心理考试应当和智力测试等科学测试有同样的意义，虽然两者之间的结构存在很大差异，但我们应该将重点放在揭示孩子心理上，而不是为了考试而考试。

合格的教育者要如何引导孩子

教师的工作职责并不是教授孩子知识就可以，更重要的是发现孩子及家长身上的问题，并努力协助他们改正。我们发现孩子处于家庭环境时的合作意识很好，但是一到学校这个新环境，他们就拒绝合作了；而有的孩子在入学前没有做好充足的思想准备，这会让他们感到畏惧，这些孩子的反应比较迟缓，但这并不是智力问题，而是因为他们确实不知道怎样去适应新环境，更不懂得与同学、教师相处。此时，就更需要教师的协助了。

在学校中，一个称职且负责的老师，在孩子进入学校学习的第一天，就能大致看出一些问题。比如，如果一个孩子在新环境中表现得很痛苦，不主动交朋友，那么，他很有可能是被父母娇惯和溺爱的孩子。作为父母，在孩子进入学校以前，最好就引导孩子如何与人建立关系，因为我们的孩子不能只依赖于一个人而将其他所有人都排除在外。如果家庭教育不足或缺失，在学校也必须得到纠正。当然，如果孩子来学校时已经几乎没有与人交往的困难，那就更好了。

那么，作为教师，该怎样引导孩子呢？

最重要的是，教师应该把自己当成学生的朋友，引导孩子和自己亲密相处，让孩子信任自己，教师对孩子表现出的兴趣越大，孩子得到正确引导的可能性就越高。还有一点，我们非常不提倡惩罚孩子，因为一旦他们在学校受到惩罚，他们就会认为自己先前的想法是正确的："我说吧，学校果然是个讨厌而且恐怖的地方。"同时，在学校被老师惩罚后，他们就不愿意看见老师，在他们年幼的思想里，就会埋下逃避学习和学校的种子。

教师要想做到与学生和谐相处，首先就要了解孩子真正感兴趣的是什么，并且鼓励他，无论他喜欢什么，只要他认真去做就一定会有出色的表现。当一个孩子在一件事上很自信，而且有了出色的表现，那他在其他事情上也很容易有同样的自信。所以，我们要知道他最初的兴趣及他的优势所在，比如有的孩子善于观察，有的善于动手，有的喜欢唱歌，有的喜欢推理等，因为这些东西都需要观察，倘若他们没有观察的机会，了解起来就会很慢，更别说认真学习和听课了。而对于这样的表现，一些教师就认为孩子天资愚钝或者学习能力差，其实这是武断的评判。

对于这一问题，教师和家长都要重视。一开始，我们并不知道孩子的兴趣，自然也就无法正确地引导孩子。不过，此处我并不是说孩子的早期教育中一定要进行一些特殊的训练，而是要根据他们的爱好，激发他们的学习兴趣。

不过，现在有很多学校已经认识到了这一点，所以开始尝试刺激孩子的多种感官进行授课，比如绘画与模型结合，这是一种非常有创意且有效的授课方式，应当被提倡。

可能一些人会产生疑问，到底是让孩子记住真理和事实更重要，还是训练他们的独立思考能力更重要呢？其实，这二者并不冲突，应该是相辅相成的。举个简单的例子，我们在教孩子学习数学的时候，可以跟盖房子结合起来，让他们计算需要多少建筑材料等。

　　另外，我们还提倡在教学过程中，将几个学科综合起来，并将其运用到日常的生活实践中。比如，有的老师在与孩子出去郊游时，会让他们认识路上看到的各种植物，分析其形状、结构等，并引导他们观察植物生长的地理环境，甚至会谈到农业用途等。这样，孩子对事物的兴趣就会被激发出来。这是一个复杂的过程，需要教师倾注很多心血，尤其是对孩子的爱心，如果没有爱心，教育大计就无从谈起。

　　因此，教育者第一步要做的就是为孩子剔除人为设置的障碍。这些障碍的产生，往往是因为人们把评断孩子的标准设置为成绩和学习，而这并不是最终的教育目标和社会目的。从孩子的角度来看，这种障碍还反映出他们自信不足。因为自信和勇气不足，他们还不能用恰当的方式来寻求优越，就会导致他们做出了在我们看来错的事。

智力测验无法衡量儿童的未来

　　近年来所谓的智力测试成为一种教育流行趋势，老师们也推崇这类测试，并且，这类测试确实存在一定的积极意义，曾经有人用这一测试拯救了一个孩子的自信。比如，一个孩子成绩很差，老师建议其留级，在男孩徘徊到底要不要留级时，就能运用这一测试来测出孩子的智力水平，结果发现这个孩子的智力水平高于他目前所处的班级。因此，这个孩子不但没有被留级，还跳了一级。他受到了极大的鼓舞，此后也成了一个积极向上、努力学习的好孩子。

尽管我们不否认这一智力测试的积极意义，但我们依然要强调，如果孩子接受了智力测试，那么，孩子和家长都不该知晓智力测试结果，即儿童的智力高低。因为即便是父母，也不知道智力测试结果代表的真正含义，也无法透彻地了解其价值，如果以此来断定孩子的人生，是非常不负责任的。比如，他们认为，智力测试成绩低的孩子，未来不会有大出息，而这个被测试的孩子今后也会受制于此。所以，我们认为，智力测试揭示的东西不是绝对的。即便孩子的测试成绩很高，也不能代表孩子以后在各方面都能获得成功，反之，那些在未来人生有所建树的成人，在儿童时期的智力测试中分数也未必就很高。

个体心理学家认为，假如智力测试的结果显示出孩子智力较低，那么只要我们找到了正确的方法和答题技巧，就能提高分数，我们最好让孩子自己分析和归纳这一技巧，做好应对的准备。通过这样的方式，孩子在答题中不仅获得了经验，而且提高了成绩，自然能提升自信。

我们需要考虑的还有一点，那就是这些孩子在学校是否承受过重的课业负担，我们不是建议删减孩子的学习科目，也不是低估学习的这些科目的重要性，只是强调，学校所教授的科目应该建立在现实的基础上，注重实践性，而不是教授孩子枯燥无味的理论知识。一直以来，关于学校是教育孩子接受学校科目和客观事实还是应该教育发展孩子的人格这个问题，一直存在争议，但个体心理学认为，二者可以结合起来。

的确，学校教育应该注重实用性，并且应将孩子的兴趣结合起来。以数学为例，数学的教学最好结合建筑的风格和结构，以及结合居住于其中的人等。并且，可以将有些课程结合起来向孩子传授知识。在一些先进的学校中，就有不少教育工作者，他们懂得如何将科目结合起来，他们能在简单的带领孩子散步的活动中了解到孩子的兴趣，发现孩子对哪些学科感兴趣。比如，他们在引导孩子观察一株植物时，将植物学、地理、国家气候等知识运用其中。这样，不仅激发了那些原本对这一科目没兴趣的孩子的热情，还提升了孩子将知识串联起来运用的能力，这才是我们的教育应该达到的最终目的。

有个我们必须要重视的问题——孩子的智力。孩子的智力如何，我们无法给出确切的答案，这里，我们推荐一项比较实在的测试——比奈测试。不过测试结果也不是百分之百可取的，即便是其他测试，也无法完全被认同。这是因为我们的孩子从出生开始，他的智力发展并不是一成不变的，而是在不断变化的，因此，即便是智力测试，也无法给出一个定论。

　　通常来说，孩子的智力发展与家庭环境有着很大的关系，那些环境好的家庭能给予孩子莫大的帮助，大部分身体发育状况良好的孩子，其心理发展状况也呈现良好状况。我们看到，那些在心理成长上更加顺利的孩子，在择业时也都被安排了更为体面或者高质量的工作。而相反，那些进展缓慢的孩子则从事着卑微的工作。不过这一点也逐渐在被改善，我们的国家也在引入新的体系，为那些学习能力差的弱势儿童提供学习的针对性教程。我们还发现这些弱势孩子大部分来自贫困家庭。由此，我们可以得出结论，这些孩子如果成长在那些物质条件和教育环境较差的家庭，那么，他们也能跟那些条件优越的孩子一较高下。

　　在学校里，如果我们将学生的成绩划分为优等生、中等生和差等生三个层次的话，那么，他们的成绩也就在这样一个限定的范围内了。其实，这与遗传因素并无关系，而是他们在思想上给自己设限了，认定了自己也就这样了，不会取得进步。当然，我们也看到一些有趣的现象：有些孩子，原本成绩属于差等生行列，但一段时间后，他们却成为了优等生。这就告诉我们，孩子的潜能是无限的，无论教师还是家长都不要认为，决定孩子成绩和智力的是遗传因素。

　　无论是孩子还是教育工作者，都要摒除这样的思想，那就是认为即便智力正常的孩子取得了某些成绩，也归因于智力的遗传。教育儿童的过程中，人们犯的最大的错误，就是相信能力能遗传。个体心理学家在指出这一问题后，一些人认为这是一种乐观的猜想，毫无科学依据，后来，越来越多的心理学家和精神病医生都开始逐渐认同这一观点——能力遗传是谬论。家长、老师和孩子也经常用这一理由来作为自己懒惰的挡箭牌，推卸全部的责任。事实上，我们没有权力推卸责任，并且应该对任何推卸责任的态度保持怀疑。

在教育工作者中，绝大部分人认为教育是一件有意义的事且认为通过教育能训练孩子的性格，他们绝不会坚持能力遗传的观点。

关注儿童在班级内的竞争与合作问题

我们发现，一些孩子在入学前，为竞争做的准备远远超过了合作，即便是家长也是这样的思想。他们认为，孩子最重要的是学习成绩的提高，要赶超其他学生，就是要考第一名。而他们没有想到的是，即便是那些学习上的佼佼者，也未必比那些成绩差的孩子更开心，这是因为他们的内心是自私的，提高成绩是他们唯一的目的。

其实，我们的学校和家庭一样，人与人之间的关系应该是平等合作关系，而非竞争。无论是家长还是教师，只有让孩子认识到这一点，孩子才能学习相互合作和帮助。

　　我所接触的孩子中，不少的问题儿童都是在经过了老师的引导而与同学进行合作后，才改变了他们过去的人生态度。

　　我记得有个孩子，他在家里被冷落了，在他看来，家人对他是冷漠的，学校的同学和老师肯定也是如此。他学习成绩不好，所以一回家就被父母训斥，在学校已经受了老师的批评了，回家后还要挨骂。他开始变得绝望，开始喜欢在学校捣乱，因此，他的学习成绩也越来越差。后来，他的班上来了一位新的老师，这位老师和他以往遇到的老师都不同，这位老师给了他很大的理解和认同，并鼓励其他同学主动与他合作，给他温暖。久而久之，这个孩子冰冷的心慢慢被融化了，学习成绩也逐渐好了起来，捣乱、调皮的行为也逐渐减少了。

　　其实，我一直认为，相对于成人而言，孩子更能理解同龄人的情绪。我之前遇到过一家人，母亲带着3岁的儿子和2岁的女儿。一天，女儿爬到了桌子上，妈妈生怕她掉下来："你快下来。"但女孩还是自顾自地玩。这时，她的哥哥走过去对妹妹说："你站在那，别乱动。"小女孩果然就安静了。可见，孩子更能理解彼此之间的需求，这是大人们无法理解的。

　　我认为，培养孩子在学校的合作精神的方法有很多，不过有一点值得我们学习和提倡，那就是让孩子来管理班级。不过，要做好这一点也是有条件的，就是需要老师的监督和指导，不仅要保证孩子的安全，并且老师要相信孩子，认可他们的管理能力，否则，孩子就会认为自己被赋予了某些特权，甚至还会"滥用职权"攻击他人，这样就不是我们想要的结果了。

作为教育工作者，还需要学习如何调节孩子之间的竞争问题。实际上，在学校孩子处于一个集体中，难免就存在竞争心理，为了超越他人，他们会奋力追赶，但是一旦没有达到目标，他们就会陷入失望中，很可能会心理失衡。因此，教育工作者要让孩子认识到自己是学校的一部分，要将孩子之间存在的竞争心态引导在合理范围内，有时候，你所选用的一个恰到好处的词语就能将孩子过度的野心拉回来，让孩子重新学会与人合作。

在这方面，我们推荐教育工作者在班级内部制定自我管理的改良方案，让孩子做班级的管理者，这对增强孩子之间的合作大有裨益，我们也没有必要非要等孩子做足准备再去指定，我们可以先制定出来，然后让孩子来当顾问，让他们去体会这样准备。如果孩子还没做足准备，那么，你会惊喜地发现，孩子自身制定出来的惩罚方案比老师给出的更严苛，甚至会"假公济私"，借用自己的顾问身份为自己谋取更多的优越感。

其实，孩子在考试后的成绩单也是会产生这样的效果。如果这个孩子的成绩不好，但他们很上进，也许他们会努力学习，而在一些对孩子成绩特别看重的家庭中，他们可能就要接受父母的"狂轰滥炸"了，为了避免这一点，一些学生甚至会自行涂改成绩，或是不敢回家，或是逃学甚至自杀等，我们的教师能否考虑过这些糟糕的问题呢？

其实，孩子最需要的是来自家长和老师们的鼓励，一张成绩单也并不能说明什么，一名成绩差的孩子，在学校可能被人们认定为差等生，但这不代表他们没有进步的空间。事实上，我们也看到，很多成就卓越的人，都曾经是学校的差等生。

经过多年的观察，我发现一个有趣的现象，那就是孩子们似乎并不需要成绩单，就能准确地测定其他同学的能力，他们知道谁的体育成绩好，谁擅长画画，谁的数学学得好等。而我们成人经常会错误地以为，这些成绩是一成不变的，遇到成绩好的人，就认为自己比不过人家，而如果我们的孩子也抱有这样的思想的话，他们也会觉得自己各个方面不如别人，这样的孩子，怎么可能突破自我、获得自信呢？

教师要了解不同儿童的性格类型

如果一个人知道怎样去认识和了解一个孩子，那么，他是很容易能看出一个孩子的个性及人生态度的。因为从孩子的行为、语言方式、与人相处的态度等方面，都能看出其合作意识和合作能力的强弱。

事实上，经过观察我们发现，一个一遇到事情就求助于人的孩子，缺乏独立性；一个一到上课就到处扔课本的孩子，不爱学习；一个不喜欢与同学说话的孩子，内心是孤独的；一些被家里长辈溺爱的孩子，总是希望得到其他人的关注才会好好学习，一旦被冷落，他就对所有事情缺乏兴趣，这样的孩子数学成绩通常都不太好，他们更喜欢规则和规矩，但应用能力有限。

　　一些总希望父母来帮助自己的孩子，在幼年时确实不会有什么大问题，但却为今后的发展埋下了隐患，成年之后的他们，一旦遇到问题，首先想的不是如何自己去解决，而是希望别人来帮助自己，这样的人会有什么成就呢？恐怕只会是他人的累赘吧。还有一种孩子，总希望自己成为人群中的焦点和中心，一旦失去关注，他们就会做出一些出格的事情。对他们来说，惩罚、责备都无所谓，只要不被人忽略。所以，他们的一切恶行的目的只有一个，那就是博得关注。但不得不说，最后往往是他们赢了，因为他们掌控了事情的结果，所以我们看到这样一些孩子，他们在被家长和老师惩罚时不但不害怕和沮丧，反而嬉皮笑脸，一副赢了的架势。

　　还有一些孩子，他们很懒惰，其实这些孩子内心往往都有远大的目标，但是又害怕失败。其实，每个人对成功都有自己的看法，如果你遇到一个把所有事情都看成是失败的人，你一定会觉得惊讶，也有人认为，只要无法赶超他人，就是失败。而对于懒惰的孩子来说，他们似乎不知道失败到底是什么，因为他们总是在逃避，没有真正地接受过考验，他们总是摇摆不定，不知道该不该与人竞争，对于他们的行为，一些人会说："这孩子就是懒，不然肯定有所作为。"你看，这刚好为他们找到了一个回避竞争的借口，当这样的借口被他们听到了，他们自己也会这样认为。但是一旦遇到失败了，他们又会挖掘新的理由去维系自尊。

有时，教师会对那些懒惰的孩子说："你是个聪明的学生，但就是太懒了，如果你能勤奋一点，一定会有优秀的表现。"也许你会认为，孩子会被鼓舞而努力学习，但其实你错了，在这些懒惰的孩子看来，既然不努力都能被老师赞赏，为什么还要努力呢？也许当他们真的勤奋起来的时候根本没有大家说的那么出色，而那时，大家就会根据他们的成绩去评断了，而不是说他们懒得发挥。

对于那些懒惰的孩子来说，他们好像只要做出一点努力，就会被人赞赏，你以为这样的表扬能给他带来动力，但其实你也错了。如果你赞赏的对象是一个勤奋的孩子，或许有用，但对于懒惰的孩子来说，他们本身就活在别人的期待中，已经习惯了依靠别人。

还有一些孩子，他们总喜欢做带头人，但是这种孩子必须要有兼顾大局的意识，否则很容易出问题。这些孩子喜欢做集体中的领导，非常享受驾驭别人的感觉，只有在那样的环境下，他们才愿意合作。这样的人看上去很成功，其实他们未来的发展却令人担忧，他们无论是工作还是婚恋，如果遇到了与自己相似的人，势必会不欢而散，因为谁都想成为主控者。同样，一些家长认为孩子有领导派头，喜欢指派别人是好事，但其实对孩子没有好处，更不利于他们与人合作。

孩子的性格类型有很多，我们无法将其明确划分到某个类别中，但我们可以尽量帮助他们纠正错误的行为习惯，以免影响他们以后的发展。孩子很多坏的行为习惯在童年时期加以纠正还比较容易，但如果任其自由发展，将会影响到他们成年以后的生活。

实际上，很多神经性焦虑症患者、酗酒的人、抑郁症患者甚至是罪犯等，大多都缺乏合作的精神。

神经性焦虑症患者，总是恐惧黑暗和新环境，在童年时期爱哭闹的孩子，更容易抑郁。我们当然不可能帮助每个孩子的父母纠正他们的教育错误，尤其是那些处于教育迷茫状态但又前来咨询的人。在这样的情况下，我们便可以从教师入手，帮他们学会教育孩子的正确方法，防止孩子出现行为偏差，进而培养出乐观积极、独立自主且善于合作的孩子。

留级、跳级、慢班和男女同校的教育问题

谈到学校教育，我们就不得不谈到这四个问题：留级、跳级、快慢班和男女同校教育问题。接下来，我们一一阐述：

第一，留级问题。

这一问题对于家庭和学校来说，都是个令人烦恼的问题。虽然这不是绝对情况，但是一个孩子总是留级、总是不如人，而家长和老师也在回避这一问题，就会导致这一问题一直悬而未决。

尽管很多人在为此苦恼，但实际上，很多老师已经成功解决了，那就是他们会用假期时间来帮助孩子查缺补漏，让他们迎头赶上。个体心理学认为这一方法值得推广，不过，我们虽然有社会工作者和给孩子补习的家教，但却没有这种特殊的辅导老师。

在德国，为孩子补习的家庭教师是不存在的，因为学校的班主任就能很好地观察孩子。其实，我们似乎也不需要这样的形式，当然，前提是班主任能正确地观察孩子，比其他人更好地了解孩子。虽然班里人数众多，但即便如此，在刚入学时，班主任还是能很快发现孩子的生活风格、行为特征等，从而避免很多教学中的问题出现，如果这个班主任能观察孩子，那么就比那些不了解孩子的人能更好地教育孩子。不过，我们需要明白的一点是，如果班上人数确实太多，孩子得到理解的机会就会变少或者丧失，所以我们建议一个班级的孩子人数不要过多。

个体心理学认为，在学校里老师不要频繁更换，有的班级每半年或者每年都换，这是对孩子非常不利的，如果老师能跟在班上，与孩子在一起相处三四年或者更久的时间，那么，对孩子是最有益的。这个过程中，老师有机会与孩子更亲密的沟通与观察孩子，即便孩子存在着一些问题，也能通过恰当的方式予以纠正。

第二，跳级问题。

关于跳级是否合理，到现在还褒贬不一。对于一些孩子来说，跳级需要承担很大的心理压力，因为他们需要满足老师和家长的期望，如果他们认为自己无法达到，就会悲观失望。

另外，如果在班级中，孩子的年龄偏大，且学习成绩优异，可以考虑跳级；一些以前经常留级，现在成绩突飞猛进的，也可以考虑。作为教师，不该因为一个孩子成绩出色，就把跳级当成对他的激励。孩子成绩优异，可以让他们将多余的精力花费到绘画、音乐上，对他们更有好处。一个出色的孩子在很多方面的学习能带动全班同学去学习和拓展视野，因此，将班级里这样的优秀学生跳级出去是不明智的。可能一些人会说，要着重培养那些优秀孩子，给他们更大的学习挑战。其实不然，这些优秀的孩子留在班级而不是跳级能带动整个班级的学习氛围，带动其他孩子的进步，也能保护好孩子的学习积极性。

第三，慢班孩子。

我们曾尝试观察那些慢班的孩子，我们发现，其实慢班的孩子很聪明，并不是人们说的迟钝。相反，那些快班的孩子反而智力不高，只不过他们出生的家庭环境不同，受到的教育不同，慢班的孩子多半出身贫寒，在上学前没有被引导做一些准备工作，或者因为他们的父母太忙，无暇顾及他们的教育，再或者因为父母自身教育水平不足，无法教导孩子。但无论哪种原因，这些孩子被分到了慢班，这对于他们来说，是一种侮辱，并且，他们总是被周围人嘲笑和讥讽。

对于这类因贫困而被分到慢班学习的孩子，我们认为，可以用我们在之前讨论过的特殊的辅导老师制度来培养。除了这点，我们可以带领这些孩子进入儿童俱乐部，在那里对他们进行额外辅导，项目有很多，比如做作业、玩游戏、阅读等，在这一过程中，帮助孩子克服自卑、培养信心和勇气，如果能再给这些孩子提供更大的游乐场地，那就会让孩子完全远离曾经不良环境的影响。

第四，男女同校教育。

在教育实践上，有个问题是不能被忽视的，就是男女同校教育的问题。总体来说，这一教育模式是不可避免的，原则上来说，这一制度也应该值得发展，这是让男孩和女孩相互了解的方法。但如果说它有利无害，也是错误的。男女同校教育，就必须面临一些特殊问题，这是需要认真考虑的，不然就会弊大于利了。比如，我们需要承认的是，男女的成长规律有差异，女孩子在16岁以前比男孩成长更快，而这一点带来的负面影响是，男孩看到女孩成长的速度比自己快，会产生不平衡心理，然后跟女孩进行无意义的竞争。学校的教育工作者，必须要认识到这一特点。

男女同校教育能否获得成功，最重要的决定因素是教师是否喜欢并接纳这一教育制度。倘若一个老师不喜欢男女同校教育，那么，他就会认为这一制度是累赘，他也排斥这种教育，又怎么可能取得成功呢？

男女同校教育，如果孩子们没有被很好的引导或者教育者管理不当，就会引发新的问题——性的问题。这种制度就会变成教师的负担，教师的教育也会失败，男女生也都得不到应有的发展。在后面的章节里，我们会讨论性教育的问题。

第 08 章

不可忽视的外在因素，外界环境也在直接或者间接塑造孩子

　　传统的内省心理学范围太窄，因此，心理学家威廉·冯特认为，我们可以再建立一门新兴心理学科——社会心理学，以此来探讨外界环境的影响。但在个体心理学看来则没有这一必要，因为个体心理学本身就囊括了这一点，它所讨论的不是个体心理，或者是外界环境的影响，而是二者兼有。影响儿童心理成长的因素有很多，比如家庭经济、疾病、其他人的教育干预等，当然，这些只是一小部分，但也是极为重要的部分，这些因素说明了影响儿童心理健康的基本原因。这里，个体心理学家再次重申了两个部分的重要性——社会兴趣和勇气。对于其他问题，这两个部分同样重要。

经济条件对儿童的心理影响

无论是教育工作者还是家长，都不能忽略外界的环境，认为自己是唯一的教育者，因为外界环境也在直接或者间接地塑造孩子。通过影响父母或者老师的心理来影响孩子的心理状态，这一点，是我们需要重视的。在众多的外在条件中，所有的教育工作者首先要认识到的是经济条件对孩子的心理影响。

如果一个家庭几代都在为最基本的温饱问题奔波，那么，这样的家庭只是会传承痛苦和悲伤，因为他们的精力都花在努力生活上，他们太悲苦了，以至于孩子也很难拥有一种健康、合作的态度。他们总是像受惊的小鸟，饱受心灵的折磨，很难与别人协同合作。另外，长期处于半饥饿或糟糕的经济状态中，无论是父母，还是孩子，他们都存在一定的生理健康问题，这会反过来影响他们的心理健康。比如，战后的欧洲家庭出生的孩子，问题就比前几辈人多。在谢尔登和埃莉诺·T.格鲁克合作的《500个人的犯罪生活》一书中，有名罪犯谈及自己的犯罪心理时这样回忆："我从没想过自己有一天会将自己心里的话说出来。其实，在十五六岁以前，我跟其他男孩没什么不同，我也经常学习、看书、运动，也过得很充实。后来，我的父亲让我辍学出去工作，我也努力工作，但是他将我的钱全部拿走，每周只给我五毛钱，试问五毛钱能做什么？就算在我们这样的一个小镇，五毛钱也什么都做不成。"男孩这样控诉着自己的父亲。

我问到他父母的关系时发现，原来他们也缺乏合作精神。"工作一年后，我认识了一个女生，我们谈恋爱了。她很爱玩，但我的五毛钱怎么可能应付我们的生活，也不能带她出去玩。"其实，很多罪犯都有类似的经历，他们会喜欢那种爱玩的女孩，因为他们的经历不美好，所以希望找个快乐的人生活，但无奈的是，这名罪犯经济太拮据了，所以后来，他绞尽脑汁的想赚到更多的钱，但是他没想着怎么做兼职，而是想到了犯罪。

贫穷未必一定会导致犯罪，但却是很多犯罪现象的一个诱因。

还有个需要引起我们注意的问题是，孩子所处的家庭的物质生活状况。与那些生活在富裕家庭的孩子相比，家庭贫穷的孩子对金钱会产生一种不满足感，而曾经物质丰裕，但后来经济条件变差后的孩子更容易焦虑，因为他们无法适应贫穷的生活。在一些家庭里，祖父母辈家境殷实，但到父母时却一事无成，这样家庭里的孩子比较勤奋，他们在试图用勤奋抗议父母的懒惰。

在谈到家庭经济环境对孩子的影响时，我们还要谈到家庭中经济变化的影响。如果一个孩子所在的家庭以前很富有，但随后陷入贫穷中，这对孩子的成长来说是不小的打击，对于一贯处于被他人关注的中心地位的他，无法接受物质生活的突然贫乏，他一方面怀念曾经富有的生活，一方面心存怨恨与不满。

反过来，家庭暴富，对孩子影响也很大。此时，父母自身无法用正确的心态面对财富，孩子也很容易犯错。父母想给孩子一个生活优渥的童年，他们认为孩子不必节约，这样的想法常常导致孩子出现各种各样的问题，是问题儿童中的典型。

对于这些孩子来说，如果能对其进行一定的合作心理培训，这些困难是完全可以避免的，合适的外在环境就像对孩子敞开的一扇门，通过它，孩子脱离了必要的合作心理培训。所以，这些孩子我们需要格外留意。

小心疾病对儿童留下心理创伤

除了经济环境需要我们考虑外，我们还要认识到父母对生理卫生知识的认识程度对孩子的影响。这种卫生知识的匮乏，以及父母的胆小羞怯，与孩子的生理和心理健康有关。一些父母要么粗心大意，要么认为孩子的某些身体上的问题会自行消失，当孩子生病时，他们没有及时带孩子就医，对孩子造成了严重的后果，如果孩子不良的生理状况未能得到及时治疗，就可能继续恶化，造成严重且危险的疾病，不但会造成孩子无法治愈的身体问题，还会给孩子留下心理创伤。其实，每一种疾病都会带来心理上的或轻或重的影响，是需要尽量避免的。

在孩子成长路上，虽然他花费了很长时间才学会走路，但是以后能和正常人一样行走，那么，他就不会因此而形成自卑心理；但是如果一个孩子行动不便，那么，他就会觉得自己人生不幸，进而感到自卑，会悲观失望。即便他的身体再没有其他不适，但他的人生还是被这种消极心理占据，这对他以后的行为有严重的影响。比如，不少曾经患有佝偻病的孩子，即便日后痊愈了，但是这一疾病还是会留下很多身体痕迹，比如"O"形腿、动作笨拙、肺黏膜炎、脊柱弯曲、某种头部畸形、踝关节肿大、关节无力、体态不良等。

另外，这些孩子在患病期间因为身体问题而形成的悲观和自卑心理，即便身体痊愈了，依然还是存在。当看到那些行动自如且身轻如燕的孩子，他们会极度自卑，会缺乏自信，认为自己不可能取得进步，很少去尝试，或是会被看似绝望的环境刺激，而不考虑自身的身体情况去追逐同伴。很明显，他们没有对自己的情况进行正确的判断。

当这些无法避免的时候，我们最好培养孩子的社会情感，以此来减少这些问题对他们的伤害。我们可以说，只有当一个孩子社会情感不足时，生理疾病才会对他造成心理创伤。反之，相对于那些被宠坏的孩子，那些能早早认识到自己是社会的一部分、社会情感良好的孩子从生理疾病中获得的伤害更少。

很多案例显示，在孩子得了诸如百日咳、脑炎、风湿病等生理疾病后，他们也会表现出一些心理疾病，一些人认为这些心理疾病是由其身体疾病引起的，但疾病后的心理问题只是将孩子长期藏于内心的性格问题和心理问题暴露出来而已。孩子生病后，会获得父母更多的关心和爱护，父母会表现出焦急的心情，孩子知道这些都是因为他们的疾病。身体痊愈后，如果他们还是想要得到这样的关注，就会尝试运用各种方法来达到目的，而那些社会情感健康的孩子，是不会表现出这样自私自利的行为特征的。

还有一种疾病给孩子的性格特征带来的积极影响，是我们容易忽略的。这里有个案例：这个孩子的父亲是一名教师，这名教师一直关心他的这个次子，但却无计可施，这个男孩偶尔会离家出走，成绩在班级里也是倒数。有一天，他的父亲正准备将他送去少管所，但在出发前却发现他患有髋关节结核。这种病最需要有人长期照料，于是，他的父亲决定和母亲一起好好照顾他，奇怪的是，在男孩康复后，竟成了一个各方面十分优秀的好孩子。其实，原本他最渴望的就是父母的关注，患病为男孩提供了一个契机，他得到了自己想要的，之前他一直对抗父母，是因为他认为自己不被重视和关注，因为他的上面有个哥哥，既然没办法成为哥哥那样被父母喜欢，那就抗争吧，但是生了一场病让他发现从父母那里得到的爱是和他们给哥哥的一样的，所以他开始学着变乖，以此获得父母更多的关注。

关于疾病，还要注意一点，孩子患病的这一经历在他的成长路上总会留下影响，尤其是关于重大疾病或者死亡这样的事，孩子更是很难接受，而疾病在孩子心里的印记，会在孩子未来的人生中显现出来。比如，一些人在得病后，会对这种病感兴趣，后来还成为了这一领域内的医生或者护士，但是，有的人却因为疾病总是惶恐不安，疾病留下的心理阴影一直缠绕着他，让他寝食难安，他们也无法更好地取得进步。一项对100个女孩的调查结果显示，其中一半以上的女孩承认她们生活中最大的恐惧是心理疾病和死亡。

所以，父母一定要注意，千万不能让孩子曾经的患病经历影响他们以后的人生路，最好让孩子有应对困难和疾病的准备，以免孩子在遇到困难和疾病时难以接受。父母应当教导孩子，人的生命有限，但只要在有限的生命里活得有价值就可以了。

任何人都不能干涉父母的教育方式

在孩子的成长过程中，"危险"因素有很多，其中有个"危险"需要家长注意：家里来访的陌生人、熟人或朋友与孩子的接触过程中，他们并不是真的爱孩子，他们只是喜欢逗孩子开心或在短期内做一些影响孩子的事情，他们会吹捧孩子，让孩子变得自高自大，在跟孩子接触的短时间内，他们纵容、娇惯孩子，这给后来家长对孩子的教育带来了麻烦。

作为家长，要避免这一情况，不要让陌生人对孩子的教育进行干涉。再者，陌生人会主观判断孩子的性别，比如第一次见一个小男孩，会说"漂亮女孩"，或称小女孩为"漂亮男孩"，这也是要避免的。至于原因，我们在后面的内容中会细细分析。

另外，还有其他亲属，比如祖父母，父母要考虑到祖父母的权益，但在自古以来的文化中，这些老人几乎成了悲剧性的角色。在他们年老后，本可以扩大自己的生活空间，可以享受更美好的人生，但现实状况刚好相反。老人们感觉自己被社会抛弃，成为社会的弃子，这一点，成为了很多老人的遗憾。

所以，当老人年迈后，父母不要总是劝孩子的祖父母退休，而是应该鼓励他们继续从事自己的事业，这远比让老人重新建立一种新的生活计划更容易。但可悲的是，因为人们对年迈的人的错误认识，很多年轻人将老人束之高阁，导致的结果就是老人为了证明自己还有社会价值，会将自己的精力放到他们的孩子身上，他们会干涉儿女对孩子的教育问题，他们会纵容孩子，让孩子肆意妄为，他们想要表明自己在教育上还有一套。但对于家庭教育来说，这无疑是一场灾难。

对于家里的老人，我们要鼓励他们表现自己，但也要让他们明白，孩子是一个独立的个体，不是任何人的玩具，要让孩子健康地成长，就不能娇宠孩子。另外，也不能出现家庭问题时就搬出这些老人。如果年轻人和老人产生了矛盾，不要互相争辩，更不要将家里的孩子牵扯进去。

除了祖父母外，其他的亲属中，容易对孩子产生影响的，还有那些长辈们口中的"杰出的表兄弟姐妹或堂兄弟姐妹"。有时，他们看起来漂亮、聪明、讨人喜欢，而长辈们总是有意无意提及这个优秀的表亲，让家中的孩子很懊恼。如果这个孩子有积极的社会认识，他就会明白，他这个所谓的优秀的表亲不过是接受了更好的训练而已。而此时，他就能找到更好地超越这位表亲的方式。然而，不幸的是，大多数时候，孩子并没有这样良好的社会意识，他们认为所谓的漂亮和聪明都是天生的，他们会因此自卑、抱怨生活、难过等。这对孩子的人生会产生消极的负面影响，即便是20年后，孩子提起这个表亲的时候，还是会难以忘怀自己曾经的消极心情。

孩子因为羡慕他人的外表而对自己的成长造成不利影响，唯一能改变这一现状的就是我们成人要让孩子明白，除了外表外，更有价值的事有很多。比如与同伴和谐相处的能力，这也是受人欢迎的重要能力。我们固然承认一点，谁都喜欢美丽的外表，但外表的美丑与人的内在价值并无直接关联，我们也不可能将人的一种价值和另外一种价值剥离开来，美也不是人的终极目标。即便那些外表美丽的人，也并不是全部都过上了美好的生活，相反，我们看到很多罪犯也是外表美丽。这些外表漂亮的人是如何一步步走上错误的道路的，因为他们认为自己具有得天独厚的优势——漂亮，认为自己能得到自己想要的一切，他们并未对生活做足准备，他们认为只要不努力就能获得一切，所以很容易走上一条不劳而获的的道路——犯罪。正如诗人维吉尔所说："堕落往往很容易。"

帮助儿童选择合适的书籍和玩具

一些成人对孩子应该读什么书产生疑问，比如，哪些书籍适合孩子？如何阅读童话故事？如何让孩子正确理解《圣经》这样的书？事实上，成人经常犯的一个错误是，用自己理解事物的方式来看待孩子的问题。我们要知道，每个孩子是根据自己的兴趣来理解并掌握事物的，如果孩子胆小懦弱，他就可能会在《圣经》和童话故事里寻找一种心理安慰，找出一些可以允许他胆怯的故事。另外，童话故事和《圣经》中的某些部分，需要我们重新解读后再告知孩子，这样，才能让孩子理解书的本来含义，而不是让孩子凭自己的主观臆想来推测其含义。

　　每个孩子都喜欢童话故事，即便是成人，也能从中获益，不过，童话毕竟是童话，是虚构的，孩子在阅读时，并不会思考这一点。童话故事所创作的时代和当下的差异，有时会导致我们无法将故事与当下联系起来。在女孩们都喜欢的很多童话故事中，都有王子和公主的角色，而王子总会被赋予光环，比如性格吸引人、被人称赞和授勋，这样的童话在现实中不可能存在，虽然这是一个需要被我们接纳的理想模型，且对需要偶像的时代来说十分重要，但我们依然要告诉孩子事实的真相，要告诉他们童话故事中的一些部分是虚构的，不然孩子可能在成长过程中总是想要寻找毫不费力的解决问题的捷径。比如，我们曾遇到一个12岁的男孩，当他被问及以后要成为什么样的人时，他的回答令人大跌眼镜——"我想成为一个万能的魔法师"。

　　相反，如果对童话故事进行合理的解释，那么，童话故事可以成为一种有用的工具来培养孩子的合作意识及扩展他们的视野。带孩子看电影，可以在孩子1岁多一点时带他们去看，至于再大点的孩子，因为其自身有了一定的理解能力，但理解能力却不足，从而会导致孩子误解电影的意思。比如，一个4岁的孩子被父母带去电影院看童话剧，但是很多年以后，他依然坚信世界上真的有卖毒苹果的女人。因为认识的不足，孩子并不能完全解读电影，或者对电影做出错误的解读，其实，应该等孩子真正有了全面的理解能力时，父母再带孩子看电影，并给他们恰当的解读。

另外，尽量不要给孩子阅读报纸，因为报纸是为成人设计的，报道的多半也是一些鲜见的新闻，充斥着很多扭曲的生活画面，是不适合孩子看的。孩子长期阅读报纸，可能会认为生活中总是充满了谋杀、犯罪和各种意外事故。一些意外事故甚至会让孩子产生压抑的情绪。我们在日常生活中也听到一些人谈及自己曾经的经历，比如，童年时因为阅读到了关于火灾的新闻，导致了他们一直对火产生恐惧心理。

当然，也有一些儿童报纸的存在，但是，一般的报纸是不适宜给毫无准备的孩子阅读的。

在一些节日中，我们给孩子送礼物，可以是玩具或者游戏，但要避免送孩子能引起斗争和厮杀的玩具或游戏，以及所有关于崇拜战争影响和战争事迹的书籍。然而，如何选择玩具，我们并不是有明确的标准，总的原则是要选择那些能激励孩子的合作意识、对孩子未来有积极影响的玩具。最好是那些能让孩子动手去做、去执行的玩具，而不是现成的成品玩具。

另外，我们还要引导孩子尊重生命，爱护小动物，要把动物当成人类的同伴，而不是游戏或者玩具，也要教育孩子不要害怕动物，更不应该指使或虐待它们。如果孩子虐待动物，那么，孩子可能有支配和欺凌弱小的倾向，如果家里有小鸟、小猫和小狗之类的动物，要告诉孩子，这些小动物和人类一样也能感知疼痛，也有情感，要和它们建立友谊，这些都能为孩子未来与人交往、进行社会合作做足准备工作。

第 09 章

解读青春期，至关重要的青春期和性教育

　　孩子青春期的到来，不仅会对孩子产生心理冲击，就连家长和教师也会受到影响。因为相对于其他阶段的孩子来说，青春期的孩子更难引导，这需要我们解读青春期，了解青春期孩子各种行为背后的含义，并运用心理学知识教育和引导孩子，进而帮助孩子直面未来青春期和未来人生的挑战。

告诉孩子什么是青春期

在心理学上，青春期是一个被大家广泛关注的问题。人们会认为，这是一个如同暴风雨般危险的年纪，甚至会影响一个人的性格。那么，什么是青春期呢？这要从两方面解释：

第一，生理学上的解释。

孩子会在几岁进入青春期？这个并没有定论，一般来说。是14~20岁，不过也有的孩子发育早，10岁就进入青春期了。

一到青春期，孩子的身体就会发生快速且明显的变化，比如身体长高、第二性征明显等，而在这个时期，如果他们的外貌体征被人嘲笑，就会使他们心中留下阴影，甚至影响他们一生的发展。在青春期，内分泌腺的情况也会对孩子的发育产生影响。通常来说，人一进入青春期，各种内分泌腺都会比过去更活跃，分泌物增多，这也促进了第二性征的发育。比如男孩会长喉结和胡须，声音厚重，而女孩变得丰满，更具有女性气质。而孩子对于这些身体的变化，如果没有正确的认识，他们就会感到恐惧，甚至影响到心理健康。

第二，心理学上的解释。

我们不得不说，青春期确实是一个很重要的阶段，但是人的性格其实在童年时就已经形成，尽管青春期的孩子要面临很多生理和心理上的变化，但性格却不会有很大的改变。

对于很多青春期的孩子来说，他们做得最多的一件事就是表明自己不再是小孩子了。

而我们应该做的就是要让他们知道，成长是一件顺其自然的事，没必要刻意为之，这样能帮助孩子减少很多不必要的心理负担。

而如果孩子非要证明自己的成长，他们就会充分强调一些属于自己的个性特征，甚至是用极端的方式凸显自我。

青春期的孩子都渴望独立，希望像个成人一样。比如男孩想要有男人的硬朗，女孩子希望自己变得温柔优雅，但一个孩子究竟会长成什么样，与他们如何理解"长大"有很大的关系。

如果孩子认为长大就是摆脱父母长辈的管束，那么，他们在青春期就会对一切管束感到厌恶，如不少孩子在青春期抽烟、说脏话、夜不归宿就是为了达到这一目的。

一些在年幼时特别听话的孩子，突然变得什么事都喜欢跟父母作对，一些父母为此操碎了心。其实父母不必担心，孩子与父母的对抗一直都在，只是到了青春期，这种对抗变得分外明显和激烈而已。

我遇到过一个男孩，从小他的父亲就对他进行严格的管束，他一直压抑着自己。在小时候，他很听父亲的话，很顺从父母，但内心其实一直想对抗父亲。有一天，他突然发现自己长大了，他的个头比父亲高，身体也比父亲强壮。于是，他开始跟父亲找茬，最后狠狠地揍了一顿父亲，然后离家出走了。其实这就是因为他释放了多年压抑在心中的怒火。

再比如，某个乖巧的女孩到了青春期，认为母亲不理解自己，所以经常和母亲吵架，继而很有可能随便找一个异性发生关系，以此来报复母亲，而且她并不会刻意隐瞒这件事，如果母亲知道了，感到难受，她反而很开心。

其实，我们的生活中有不少这样的女孩，她们早恋，甚至与男人发生关系，这些孩子在平时看起来十分乖巧，发生这样的事，周围的人也感到意外。其实我比较能理解她们，她们并不想犯错，只是认为家里人忽视自己，所以用这种方式去引起家里人的注意。

相反，那些被溺爱的女孩，则不太容易适应女孩的角色，她们甚至逃避接受女性的现实，比如躲避男性，不敢与男性接触等。而在遇到性的问题时也感到紧张，在到了适婚年纪后，她们还是抗拒和男性交往。

作为父母，我们要知道，孩子在青春期时，非常渴望摆脱父母的管束，非常想要独立，这就形成了叛逆的情绪，而你越是说他们还是孩子，他们越是想证明自己，越是会用激烈的方式摆脱你。

青春期最能体现一个人的生活风格

在很多学校的图书馆里有很多关于青春期的图书，青春期是人生中很重要的一个部分，但也并非人们通常所想的那样重要。每个人的青春期呈现出来的状态都是不同的，我们经常在一个班级中看到一些十几岁的孩子，他们有的努力，有的笨拙，有的衣着整齐，有的邋里邋遢。我们还发现，一些成年人，甚至是老年人，他们看起来依然像个青春期的孩子。从个体心理学的角度来看，这并没有什么奇怪的，这是因为在他们成长的过程中，停滞在了青春期这一阶段。其实，在个体心理学看来，每个人都要经历青春期，我们并不认为任何发展阶段或任何环境能够完全改变一个人。但是，每个阶段都是孩子人生的重要一部分，或者说，每一阶段都像一个测试，会将孩子在过去所形成的性格特质都暴露出来。

举个例子，有一个孩子，父母对其管教很严厉。在童年时他没有感受到多少孩子的感受过的乐趣，也很少提要求，青春期的孩子身心快速发展，这个阶段的孩子会极度想要摆脱控制。随着孩子声线的变化，孩子的人格也在逐渐趋于稳定发展，但一些孩子却在青春期的发展停滞了，他们总是在回忆过去，而无法找到未来的成长之路，他们对生活丧失了兴趣，性格内向，且固步自封，这表明他们在青春期并没有释放童年积压的心理压力，失去了为未来生活做准备的机会。

一个人的生活风格，最能从青春期读出来，这比以往任何时候都准确。这是因为，青春期的孩子逐渐趋于成年，青春期比童年期更接近生活的本质，我们能更清楚地看到一个孩子如何对待生活，如何与人交往，是否对社会和他人感兴趣等。一旦这些兴趣缺乏，就会通过其他形式展现出来，甚至是令我们无法想象的夸张的形式。比如，一些已经失去心理平衡的青春期的孩子，甚至为了他人可以放弃自己的生命，这样的行为令我们无法理解，这不是健康的态度，而是他们成长过程中的一个障碍。事实上，如果一个人真的想为社会做贡献，一定要会先照顾自己，然后努力提高自己的能力，才能将自己的才干贡献给公共事业。

此外，我们发现，不少十几岁的青春期孩子，他们都认为自己缺乏社会兴趣。他们14岁就已经离校步入社会，他们不再跟同学、老友相处，他们要去适应新的人际关系，有时他们还会有种被孤立的感觉。

再就是职业问题，孩子到了青春期，我们已经能看出他们对未来工作的态度。我们发现，一些年轻人此时已经形成独立的人格，在工作中表现得很努力和积极，这表明他们在沿着正确的道路在奋斗。然而，也有一些年轻人却很迷茫，他们总是在换工作和学校，他们甚至不想工作，表现出无所事事的状态。

　　还有就是孩子的性别认同问题。在个体心理学看来，当孩子到了2岁，就要帮助孩子认识到自己的性别，要让孩子明白，他的性别永远不会改变，男孩一定会长成男人，女孩一定会长成女人。如果孩子逐渐接纳了这一点，就算性知识不足，也不会出现过于危险的问题。

　　相反，如果女孩不喜欢自己的女性性别，到了青春期，她们会模仿一些男孩身上的恶习，比如抽烟、喝酒、拉帮结派。因为相对于学习那些优良的品质，比如勤奋工作，她们认为模仿这些坏习惯更容易，这就是"学坏容易学好难"，她们为自己找到一些借口，表明自己如果不模仿这些行为，男孩就不喜欢她们。

　　其实，青春期女孩羡慕男性角色并模仿男性的恶劣行为，是女孩在童年时期就不认同自己性别的一种显现，只不过一直被隐藏起来，到了青春期才显露出来。所以，观察青春期女孩的这些行为十分重要，我们能从中发现女孩对自己性别角色的态度和立场。

　　青春期的男孩，通常比女孩表现的更自信和更勇敢，不过，也有些懦弱的男孩，他们不敢面对自己的问题，不相信自己会成为一个顶天立地的男人。

　　如果男孩在自己的男性角色中没被正确地引导，那么，这些问题在青春期就会全部显露出来，甚至举手投足都展现出女性的阴柔气质，还会模仿女孩搔首弄姿的样子。

男孩女性化的行为在青春期男孩身上很常见，但不常见的还有一种男孩极度男性化的行为。这些男孩总想展露自己的男子气概，他们纵饮纵欲，甚至会开始犯罪，因为他们想成为领导者和优胜者，试图让其他的男孩信服他们。

这些男孩虽然看起来极具男子气，但其实不过是虚张声势，其实他们内心极度虚弱。最近，在美国有一些臭名昭著的案例，比如希克曼、勒奥波德和罗伯的案例。如果仔细分析这些人的经历，我们会发现，他们总试图在寻找那种毫不费力就能获得生活乐趣的捷径，所以违法犯罪是他们的不二之选，也几乎是所有罪犯的特征。其实，这些问题并不完全是青春期的问题，是积累已久的问题，只是到了青春期才显现出来，如果我们真正地走进一个孩子的生活，给他表达自己的机会，而不是像童年那样管束和限制他，我们就能大致预测出他在这一时期会有怎样的表现。

青春期孩子的性教育问题

关于青春期孩子的教育，我们就不得不提到性教育的问题。最近几年来，性教育已经被过分夸大了，甚至在这一问题上教育者们几近疯狂，他们认为任何年龄都要进行性教育，甚至四处宣扬性无知导致的危害。但事实上，从我们自身和周围人的身上可以发现，即便我们没有被这样教育，也没有存在他们所谓的问题。

在《孤寂深渊》这本书里，有关于这一问题的描述："父母将男孩当成女孩来培养，或者反过来将女孩当成男孩培养，让孩子穿着异性的衣服，比如给男孩穿裙子，然后给孩子拍照，或者称呼那些长得看起来阳刚的女孩为男孩时，都会给孩子带来极大的困惑，这完全是错误的。"

尊重女性、避免贬低女性、避免男孩产生性别优越感，也是我们要给孩子进行的性教育。我们要让孩子明白男女平等，这样，女孩也不会因为自己的性别自卑，男孩更不会因此而形成男尊女卑的观念。这样能避免他们在以后的生活中把女性当成泄欲的对象，更能让他们认识自己的责任，进而以健康的心态看待两性关系。

也就是说，我们对孩子进行性教育，不只是要告诉他们有关两性的生理知识，还要培养他们正确的对待有关爱情观和婚姻观的问题。这些问题与孩子的社会兴趣和社会情感关系密切相关，倘若孩子丧失了社会兴趣，很快就会对性问题毫不在乎，也有可能对性问题完全放纵。可悲的是，这样的事总在发生：女孩在两性中总是受伤害，男性更容易支配女性。不过，我们不能说男性没受到伤害，因为他们会因为莫须有的优越而丧失基本的价值观。

关于性教育知识，我们认为没必要让孩子过早地接触，可以等孩子开始对这一问题产生好奇或者向父母提出疑问时，再用正常的方式告诉孩子。如果孩子过于害羞而不敢问这方面的问题，那么父母就要在适当的时候向孩子解释这些问题，不过我们要注意，要用孩子能理解且不至于刺激孩子性欲的方法解释。

在这一点上，如果孩子很早就展现了自己的性本能，我们不必恐慌，这也是人类的本能。要知道，人类在出生几周后就开始性发育了，他们已经开始体验性乐趣了，他们偶尔也会自己刺激敏感部位。当我们发现孩子有这一行为时，及时制止就好，不要表现得过分在意，也不必呵斥孩子，否则，很容易成为孩子以后拿来博得父母关注的方式。我们父母可能认为，孩子是一个性冲动的受害者，但其实他不过是利用这个习惯来吸引关注罢了，一些孩子为了获得父母关注，还偶尔会玩弄自己的生殖器官，他们知道父母会紧张，而这就与我们之前说的装病一样，是同一个心理，因为在生病的时候，能获得父母更多的关爱。

在日常生活中，我们要尽量避免让孩子受到性方面的刺激，不要总是亲吻他们，这种刺激尤其对于青春期的孩子来说是不合适的，更不应该从精神上刺激他们的性欲。比如，一些孩子经常会在父母房间看到暴露身体的照片。心理学家会接触到很多这样的案例，家长不该带孩子去看有关性问题的电影，也不该给他们看超出他们年纪的有关性问题的图书。

假如能让孩子避免所有形式的过早的性刺激，那么，就不会出现过于严重的问题。其实，我们只需要在孩子合适的年龄，以少量的语言和合适的形式回答孩子的疑问就可以了，且要注意不能刺激孩子的性欲，重在内容简单、孩子易理解，而最重要的一点是，要和孩子之间建立信任感，这种信任感的建立不是一朝一夕的事，而是亲子关系中一直需要关注的部分。通常来说，孩子性知识的获取是从同伴那里，但如果他们信任父母的话，他们会更愿意相信父母的答案。

我们要避免让孩子过早地进行性生活或产生性经验，这会导致他们对未来生活缺乏兴趣。所以，父母要避免让孩子看到父母做爱的画面，也不要和孩子一起睡，兄弟姐妹在有条件的情况下也要分房而睡。我们要避免外界环境对孩子的性刺激，要认真观察孩子，谨防孩子出现一些特殊的行为。

这是我们要提出的关于孩子的性教育的重要内容，这里，我们发现，在家庭中，亲子关系、孩子合作与友爱意识，在所有的关于孩子的教育问题上，都是放之四海而皆准，性教育问题同样如此。孩子们如果有良好的合作意识，能以正确的态度认识性别角色和男女平等的问题，就已经做足了准备迎接未来生活，包括未来可能出现的危险因素。

令人诧异的是，一些青春期的孩子竟然殴打父母，不少人认为这些孩子性情大变。但其实，只要我们认真探察，就能发现，其实孩子并不是突然变的，而是一直是这样，只是到了青春期，他们有了力量去实施殴打父母的行为。的确，人的人格具有统一性，这是前面我们已经探讨和分析过的。

青春期的孩子都渴望被认同和赞赏

一些孩子到了青春期后，发现自己不被欣赏和认同，这种感觉十分强烈，也许他们在自己曾经的学校或者低年级时是好学生，被老师和同学喜欢，总是表现很出色，但是后来升入高年纪或者转换了一个学校，进入了一个新的环境，此时，他们未能表现的和从前一样优秀，这样的变化让他们无法适应。其实，他们忽略的是，他们自身并没有变化，只是环境变了。新的环境并没有让他们和从前一样展现出自己的优势，而这让他们很沮丧。

有这样一些青春期少女，她们过于夸大自己对男性的喜爱之情，表现出"花痴"的一些特征。我们发现这些女孩和父母的关系不好，甚至经常吵架，她们认为自己被父母控制了，为了对抗父母，比如激怒母亲，她会和自己周围的所有男性都攀上关系，一想到母亲会为自己痛心，她就感觉报复成功了。更有一些女孩会因为和母亲吵架或者被父亲严厉管教而离家出走后，随随便便就和男人发生了关系。

我们看到，在一些家庭里，女孩被父母忽视，导致她们很早就有了性体验，这并不是因为他们真的遇到了真爱，而她们这样做，就是为了证明自我：第一，她们有人爱；第二，他们已经长大。而不管是哪一个目的，都是想获得关注和赞美。

所以，父母越是极度希望达成什么目的，越是难以达到。父母想让她做个好女孩，她却沦落成了坏女孩。父母之所以会出现教育的失败，不只是女孩的问题，也是因为父母缺乏对孩子的观察，变坏不是孩子的本意，是父母没有让孩子学习如何面对问题，他们总是在庇佑孩子，而不是努力培养孩子的判断力和对诱惑的拒绝能力，这样的孩子很容易走错路。

有时，一些问题在青春期里未显现，但在以后的婚姻中却暴露了。这与我们前面所说的孩子在童年未表现出问题是一样的，这些女孩是幸运的，但是作为父母不能忽视，要及早让女孩做好准备，因为有些问题迟早会暴露出来。

这里有个案例，有个15岁的女孩，出生在经济条件很差的家庭，家里还有个常年需要母亲照顾的哥哥，哥哥占用了母亲大部分的时间。所以，她很少被母亲照料和关注，她在很小的时候就知道他们兄妹俩在父母心中的地位不同，而她的父亲后来也生病了，妈妈又要照顾父亲，她更缺乏关注了，所以变得更加郁闷。糟糕的是，她的妹妹也降生了，不久她的父亲竟然痊愈了，父母认为妹妹的降生是一个幸运，妹妹得到的关注还是比她多，这下，她仅存的可能得到的关爱也没有了。

为了弥补家庭对她关注的缺失，一直以来，她都努力学习，希望在学校得到老师的关注，对于她这个优秀的学生，老师也很喜欢。后来，她继续进入高中学习，但新的环境使她的情况发生了变化，她成绩不再继续优秀，新老师也不够理解她，也没人欣赏她，这样，她就渴望从其他方面获得认可和欣赏，于是，她找了一个欣赏她的男人并离家出走了。

她和这个男人只在一起两个星期后，男人就对她产生了厌倦，她自己也认识到这个男人并不是真的欣赏她。同时，她的父母四处寻找她的下落，然后，她给父母寄了一封信，内容是："我已经服毒了，不要担心，我很幸福。"她对幸福的追求无果后，想到了自杀，但是她并没有真的自杀，她只是想看看父母对自己的态度，想吓唬吓唬父母，最后，她的母亲在大街上找到她，才把她带回家。

如果这个女孩能认识到她的生活都是在追求被欣赏和认可，能摆正心态，她的父母能认识到给女孩更多的关注，高中老师能理解她给予她欣赏，那么，一切悲剧就不会发生了。然而，当所有失误积聚在一起时，女孩一步步走向了堕落。

如果一个孩子在家里一直被忽视，那么，当他（她）与其他人打交道时就渴望得到赞赏与认同，为了达到这一目的，他们会采取很多方法。如果是男孩，情况是非常危险的，而如果是女孩不被认同和关注，她们会缺乏自信，而一旦有男人向她们献殷勤，她们就很容易妥协投降。

还有一个女孩，她的父母性格软弱，而且他们一直希望自己生的是一个男孩，结果恰恰相反。所以不怎么关注她，而且母亲对女性存在偏见，这直接影响了她的人生态度。偶尔，她也能从父母的谈话中听到父母对她的看法："这孩子一点都不讨人喜欢，要是个男孩就好了。"母亲也抱怨这件事。有次，她的母亲收到了来自一个朋友寄来的信，信中说道："你可以趁着年轻再生一个。"这个女孩看到了母亲的信时受到了极大的打击。几个月后，女孩到乡下去看望一位叔父，并认识了一位智商低下的男孩，他们谈起了恋爱。后来，二人分手了，但她一直忘不掉这件事，结果她就患上了焦虑症，也不敢一个人出门。一旦不被别人赞赏和关注，她就会极度沮丧，产生自暴自弃的念头。因为父母一直想要的是一个儿子，她没有得到父母的关注，所以为了赢得父母重视，她经常用病痛来折磨自己，甚至自杀，这让父母很痛苦。

我觉得很遗憾，没有办法让这个女孩明白自己的处境，她认为"不被关注"这件事实在太严重，甚至过分夸大这个问题。可见，孩子到了青春期后，我们要给孩子更多的关注，让他们知道父母是爱他们的，对他们的情况多了解一点，并多给一点鼓励，那么情况就会好很多。

如何引导青春期孩子正确面对人生挑战

处于青春期的孩子，如果还未做好迎接成人生活的准备，那么，无论是对工作、生活、事业还是爱情、友情，他们都会感到很头疼，也无法正确面对。与人相处时，他们会感到不安，宁愿待在家里；对于工作，他们也一直认为自己做不好。爱情中，他们害怕与异性相处，不知道聊点什么；他们会经常感到沮丧，不敢与人对视和说话，无论对什么都提不起兴趣，所以终日无所事事，活在自己的虚幻的世界里。以上这些表现，都是诱发精神分裂症的重要因素，对于这样的孩子，父母和教师的鼓励至关重要，否则，孩子很容易迷失方向。但只要关心他们，给他们指引，孩子就能回归正途。

要对这些孩子进行指引，就要帮助孩子正确认识生活，并且用客观的态度和方式来面对生活中的问题，而不是靠自己的主观臆想。事实证明，任何孩子在青春期遇到的所有问题，都是因为他们没有找到正确的处理人生中的三大问题的方法。任何时候，幻想不能解决所有问题，但是青春期的孩子并未认识到这一点，在他们遇到问题时，如果我们一味地斥责和批评，那么，他们更会觉得自己不被理解和认同。你越是想引导他们，他们越是做出对抗的行为，除非选择鼓励，不然你做的一切都会徒劳，甚至是适得其反。所以，在孩子从青春期走向成人的过程中，我们一定要多给予鼓励和支持，让孩子知道我们始终是他们坚强的后盾。

我们任何人在一生中，都要经历大大小小的各种转折，这是毋庸置疑的，尽管我们无法给出科学的依据，但这是每个人的经验，就如同更年期一样，青春期也是一个不寻常的时期。然而，人生漫漫，青春期也只是一个短暂的转折，不会让我们产生太大的变化，但最为重要的是，我们渴望在这个阶段得到什么，这个阶段又有什么样的意义，以及如何看待这个阶段。

任何一个孩子，进入青春期的第一表现就是感到畏惧和恐慌，这是对未来和责任的恐慌。固然身体上的变化让他们也感到焦虑，但这并不是主要的。一些人认为，青春期可成为一切行为的解释，在青春期之后，就不再被关爱和需要了，而一些人在青春期担忧的就是这一问题。

如果一个孩子有着正确的人生态度，知道自己的责任是为社会做贡献，并且能以平常心与人尤其是异性相处，那么，青春期对于他（她）来说，就是未来为社会做贡献的一个准备阶段。相反，假如他（她）内心自卑，觉得自己处处不如人，对自己的能力产生怀疑，那么在青春期一到来时，他（她）就会手足无措，这时，如果被施压，也许他（她）能完成这件事，但是如果让他（她）独立去做，他（她）可能就会感到恐慌，不知道怎么做。

孩子在青春期没学会如何处理这些事，以后遇到事情的第一反应也是恐慌。但是父母也知道，任何人要想掌控自己的命运，就必须要有自主能力，靠自己的力量激励自己奋发向上。

另外，此时的孩子希望按照成人的方式做事，但却缺少正确的指导，因此常常犯错。

我们发现，不少青春期的孩子身上都出现了离家出走的现象，尽管这些孩子所在家庭的物质条件不错，但是孩子对家庭环境不满意，所以他们企图摆脱控制，而离家出走就是第一步。这一点，让人很痛心，他们甚至不想让家庭来抚养自己。离家出走后，如果他们犯了错，就能马上找到极好的托词。另外，一些孩子虽然还住在家里，但也出现了这些倾向，他们总是习惯晚归甚至是不归，他们觉得外面的世界比在家里轻松多了，所有这些行为都是他们对家庭和父母的一种无声的对抗，表明了孩子在家里感觉到压抑和控制，他们也没有表达自己的机会，也缺少发现自己错误的机会。因此，相对于其他任何时期来说，青春期是最危险的时期。在这一过程中，有的孩子会因为受到了外界的诱惑而做错事，有的孩子甚至还走上违法犯罪的道路。

如果孩子犯错没有被发现或得到惩罚，他们就会抱有侥幸心理，然后继续犯错。其实，违法犯罪都是在逃避生活，所以，青少年犯罪率一直都很高，对此，我们一定要对孩子进行正确合理的引导，告诉他们如何处理这一问题。

　　青春期是孩子步入社会的准备阶段，此时，作为父母和教育工作者，都要留心观察孩子的行为，表达对他们的理解和关心，让他们信任我们，进而愿意接纳我们的指导。

第10章

关注儿童犯罪及预防问题，帮助孩子健康成长

  从个体心理学的角度考虑，人可以被分为很多类型，虽然人与人之间的情况不同，但并没有太大的差距。比如，那些犯罪的人，其实与我们所说的问题儿童、神经症患者、精神病患者及自杀、性变态的人都能归结为同一类型。他们没有很强的社会责任感，也不懂得替别人考虑，但即便如此，他们和普通人也没什么不同。在责任感和合作能力上，任何人都不敢大言不惭地说自己是完美的，而罪犯和我们普通人最大的不同是，他们犯了比普通人更为严重的错。作为父母和学校工作者，不但要培养儿童的学习能力，更要从小注重训练儿童的合作能力、增强他们的社会情感，进而让他们能以正确的态度面对困难，以此减少犯罪的发生。

罪犯的犯罪心理是如何形成的

我们每个人，从出生到成长，都在渴望征服困难，我们一辈子也都在为这个目标而努力，这条主线甚至连接了人类发展的整个过程，我们都在努力地实现自我突破。比如从失败到成功，从弱小到强大，从不起眼到受人崇敬，这一条主线贯穿了我们的一生，而一个罪犯如果说自己也有这样的愿望，其实，这并不奇怪。

那么，罪犯为什么会犯罪呢？从他们的行为方式和态度来看，我们发现，罪犯在与困难作斗争的过程中，选择错了方式，他们不懂得与人合作的重要性，不懂得为社会贡献，而我们普通人，对这一点是非常清楚的。

想要从根本上纠正罪犯的犯罪心理，我们就不得不对他们的童年经历进行了解，找到阻碍他们与别人合作的根本问题。在这一问题上，个体心理学是先驱者，能帮助我们更清晰地看待这一问题。个体心理学认为，人在四五岁的时候，其实性格就已经形成了，可以将很多事情串联起来。

我们必须承认，遗传和生活环境对孩子的成长有着极为重要的影响。作为父母，我们似乎关注更多的是如何让孩子实现某个目标，而忽略了教孩子如何应付在成长中遇到的问题。

比如孩子在遗传中遗传到的不足的部分，以及对孩子产生了什么样的影响，只有找到这些症结，才能帮助孩子更好地与人合作，树立正确的人生态度。

对于已经承认犯罪事实的罪犯来说，他们为了减轻罪行，可能会选择合作，但这只是表象，并不是正常人所说的合作。而罪犯之所以不愿合作，与其家人也有着至关重要的关系。作为家长，应当从小就培养孩子的合作精神，让他们融入到家庭和团体中，并且，家长要身体力行，为孩子树立榜样。而一些家庭里，由于这样一些因素导致孩子不愿意合作。比如，母亲不愿意让孩子关注别人；夫妻互不信任，处于防备状态，婚姻关系不和谐，把孩子当成自己的私有财产等。在这样一些家庭里的孩子即使长大后，也不愿意与人合作。

作为父母，我们要认识到，培养孩子的合作精神并帮助其融入到团体和社会中尤为重要。而在一些家庭中，孩子被父母溺爱，就会被其他孩子孤立，这样孩子就不愿意与人相处，而如果不能被正确引导，就容易引发神经症或者误入歧途；还有一些家庭里的长子更为优秀，那么，比他小的孩子在思想上也很容易出现问题；再者，一些家庭中的父母对最小的孩子格外宠溺，而比他大的孩子就被冷落了，为了被关注，他们会做出一些错误的举动，而这样，就会被惩罚，这就加剧了他们的错误行为，甚至最后演化到犯罪这一不可收拾的地步。

我们来举个例子，看看罪犯到底是怎么形成的。在某个家庭里，有个男孩，他是次子，在他上面还有个哥哥，他看起来很健康、长相帅气，也深得父母和亲朋好友的喜爱。但是他总想超过哥哥，他在生活中很依赖母亲，认为母亲可以给他一切，但是在和哥哥的竞争中，他总是失败，并且，在学习过程中。他的成绩也总是不如哥哥。为此，他感到很焦虑，而且越来越严重，为了获得心理平衡，他总是想去控制别人。小时候，他就喜欢呵斥佣人，并让佣人扮演士兵，而自己是将军，让佣人来听从自己的指挥，这让他很开心，但这并未减轻他内心的焦虑感。后来，在参加工作后，他总是感到很沮丧，总是一事无成，而他也到了生活困窘的地步，尽管会被家人指责，他还是会经常向母亲求助。

在他结婚后，他的麻烦更多了，他结婚比他的哥哥早。在他看来，这是他比哥哥成功的地方，但实际上，他根本没做好进入婚姻的准备，所以婚后经常与妻子争吵。他的母亲告诉他，再也不会对他进行经济上的援助了，他竟然去乐器店订购了一批钢琴，然后在未付款的情况下又将钢琴卖了，就这样。他被起诉，然后进了监狱。

我们来分析分析这个年轻人：他是家里的次子，他在童年时期的经历就为他犯罪埋下了伏笔，从小时候开始，他的哥哥就一直比他优秀，他一直想赶超哥哥，然后他犯的错误越来越多，最终被送进了监狱。

20年前，我认识了一个12岁的小女孩，她从小被父母宠爱。自从妹妹出生后，她就将妹妹当成了敌人，她担心玩具、零花钱被妹妹抢走，所以不管是在家里还是学校里，她都针对妹妹。有一次，她竟然偷了同学的钱，很快她成了大家眼中的问题儿童。她的父母找到我，希望我能给出建议，我对这个小女孩的行为进行了全面分析，并引导她认识到了自己的问题，这件事过去了很多年，这个小女孩也嫁为人妇，过得非常幸福。

其实，父母是孩子最好的老师，父母的行为和态度对孩子的影响特别大，如果父母经常抱怨，对他人冷漠自私，或者经常说亲戚邻居的坏话，那么，孩子对周围的人和事也总是会表现出恶意，甚至会对抗父母。这些情况与父母营造的氛围关系密切，这个很容易理解，在孩子还小，并不明白什么是社会责任感也不知道为什么要合作时他就会以自我为中心，并且质疑为什么要帮助别人。而当他们自身遇到困难时，就会犹豫不决，他们想的不是靠自己的力量克服困难，而是认为"既然伤害别人能为自己赢得利益，何乐而不为呢？"

关于犯罪的几种错误解读

提到犯罪，一些医学家和心理学家认为，罪犯在智力上存在问题，或者是受到了遗传因素的影响，他们带着邪恶的基因来到这个世界，所以才会犯罪，甚至还有人说，罪犯一旦犯罪，就没有改过自新的可能。其实，罪犯和常人没有什么区别，只是他们选择错了道路。并且，我始终坚信，如果人们不改变自己的看法，犯罪的问题就没办法从根本上解决。我们都知道制止和减少犯罪对于我们社会发展的重要性，但如果我们非要将犯罪的问题归结为遗传这一决定性因素，那么，无疑是将其定义为无法解决的问题了。

无论是环境还是遗传，都不具备强迫性。这就好比生长于同一家庭的两个孩子，却有着完全不同的表现。还有一些在显赫之家长大的孩子，却是典型的纨绔子弟，有的孩子虽然生长于恶劣的家庭环境，但品行端正，为人正直。另外，还有一些犯罪分子，他们在出狱后洗心革面、本分踏实、努力地为社会做贡献，而这些表现显然是遗传这一问题没办法解释的。

其实这些现象一点也不难理解，要知道，人的行为变了。是因为环境变了，他的身上不再背负那么大的心理压力，错误的人生态度也就得到了转变。

另外，对于那些来自于收养家庭的罪犯来说，很明显，遗传问题更没办法解释他们的犯罪行为了。有个男孩子，他从小被人收养了，他的养父母视若珍宝，对他非常好，几乎是溺爱，他就这样被宠坏了，他总希望自己能超过别人，养母了解他的这一性格，所以鼓励他去实现自己的梦想。

他很有商业头脑，于是，在养父母的经济支持下，他去做自己喜欢的事，但现实没有他想象得那么简单，他屡次遭到失败，为了保留自己那点可怜的自尊，他四处招摇撞骗，四处敛财，甚至以贵族的身份到处挥霍养父母的钱，最后还将养父母赶出了家门。

他走到这步田地，令人唏嘘。在此过程中，他的养父母是受害者，也是制造者，他们给了这个孩子错误的教育和溺爱，使他觉得自己存在的价值就是说谎和超越他人，他没有想过通过自己的努力和劳动去实现自我，而是招摇撞骗，最后发展成诈骗，不得不入狱。

还有不少人认为，罪犯都是疯子，诚然，一些患有精神疾病的人可能会做出超越常理的事，但这与我们常说的犯罪行为不同，对于通常意义上的罪犯来说，他们缺乏的是合作精神，他们经常不被人理解，从而想着用自己错误的方式去报复他人、报复社会。

更有一些人认为，罪犯都存在智力问题，对于这样的论断，我们应该辩证看待。对于一些头脑简单的罪犯来说，他们的犯罪行为在很多情况下确实是被人蛊惑的，他们是别人实施犯罪的一枚棋子而已，在犯罪前，这些人会为他们勾勒出一幅诱人的蓝图，然后策划他们去犯罪，让其承担被法律制裁的风险。生活中，我们能看到一些青少年或者年幼的人，他们被那些年老的、有经验的罪犯教唆走上犯罪的道路，这种就是明显智商不足导致的犯罪。

不过，无论哪种形式的犯罪，对于罪犯来说，他们都是懦夫，他们之所以会做出伤害他人、危害社会的举动，就是因为他们认为这样才能找到自己的价值和存在感。他们喜欢逃避问题，他们喜欢躲在人群的角落处，不喜欢与人沟通和合作，其实他们的内心也十分恐惧，但是他们会故作大胆，夜晚睡着的时候，他们经常会被自己的噩梦吓醒。

这些罪犯在实施犯罪后，如果没有被警察抓到，就会心存侥幸，认为自己非常聪明，认为自己永远不可能被抓到，于是继续犯罪。然而，这对于他们来说是一种悲哀。即便被抓到了，他们还是自我安慰："如果我小心点，肯定不会被抓到。"而如果在后来的犯罪过程中逃脱了，他可能会觉得自己十分高明，还会自我欣赏。

我们可以发现，一个有着犯罪倾向的孩子，往往是自大的，他们会通过采取过激的行为来凸显自己的与众不同，如果他们始终无法在社会生活中找到让自己感到有价值的一部分，他就有可能在错误的道路上越走越远。

这里，我们阐述一个男孩杀死老师的案例：

在调查完这一案例后，我们发现，上面我们阐述的犯罪儿童的种种性格特征，这个男孩都有，他的生活起居都被照顾得妥帖周到，但是他总是很紧张，他的监护人是一位女家庭教师——一位自认为自己已经了解关于孩子心理知识活动和表现的女家庭教师。她掌控了孩子的一举一动，这个孩子起初也是野心勃勃，现在却无法做任何事。因此，为了满足自己的野心，他通过违法犯罪杀害了家庭教师，企图摆脱家庭教师和儿童教育指导专家的控制。

迄今为止我们发现，还没有一种机构能把青少年犯罪当成一种心理问题，确切地说，把它当作是教育问题来处理的机构。

我们发现一个有趣的现象，在那些专业人士，比如在老师、官员、医生和律师的家庭中，孩子通常是任性的。即便在那些不是很专业的教育家庭中，这一情况也存在。

虽然这些成人在教育上比较权威，但并不意味着他们对自己的孩子的教育就比较成功，甚至他们也会经常感到苦恼和焦虑。因为在这样的家庭里，很多重要的观点被忽略或者无法被全部理解。

出现这种问题的原因，一部分是家教过于严格，孩子感受到了压力，无法独立，且逐渐萌生出反抗和复仇的情绪，并且，在他们的记忆中，有他们被惩罚的部分，所以，他们产生了报复心理。必须牢记的是，如果父母对孩子的教育过于严苛，那么，他们就会将精力过多地放到孩子身上，对多数孩子来说，这样的监护可能是优点，但在这个教育者家庭中，孩子会想要被关注，他们会将自己包装成一个展示品，认为别人对自己需要负责，别人需要为自己处理难题。

所以，要消除犯罪现象，一定要想办法改变犯罪心理。

犯罪来自不懂得正确与人合作

一般罪犯有两种：第一种是相信世界还是美好的，人与人之间有真情，但就是自己没被善待，所以对周围的人心存敌意；还有一种是从小被父母宠爱，娇惯成性，在他们看来，他们之所以走错路，完全是父母一手造成的。

但无论是哪一种，我们都可以说，这些人之所以犯罪，与他们接受到的不良教育有关系，他们不懂得正确与人合作，正是因为这样，他们才走上了错误的道路。

事实上，哪个父母希望自己的孩子犯罪呢？哪个父母不希望孩子做合法的公民呢？然而，很多父母却不知道用什么样的方法才能达成自己的心愿。现实生活中，我们看到的更多的是，一些父母要么肆意打骂孩子，认为孩子就要严加管理；也有一些父母，一味地溺爱孩子，让孩子养成以自我为中心的坏习惯，一旦发生让自己不开心的事，就归结到他人身上，从不会自我反省。

前面我们提及了《500个人的犯罪生活》一书中约翰的犯罪事实，在谈到自己和女友认识后，他继续回忆道："我认识了一个男人，我们很合得来，他很能干，偷东西基本都很顺利，每次都分给我钱，我决定长期和他合作下去。"不得不说，不少年轻人犯罪，都与受到这样的蛊惑有关系，一个有正常心理的人一般能经受得往这样的诱惑，但是长期在这方面动心思的人，情况就不同了。并且，如果犯罪过程顺利，没有被抓到的话，他们就会产生继续犯罪的欲望。

他的父亲在工厂上班，有自己的房子，家里经济条件虽然不是很好，但日子也算勉强过得去，家里另外还有两个孩子。而且，除了他之外，没有人犯罪。在15岁那年，他有了第一次的性经历，大家都说他好色，其实有性欲望很正常，他也只是想通过这样的方式得到别人的关注。

终于，在他16岁那年，他因抢劫入狱，而抢劫的原因。也与我之前的猜测不谋而合。为了满足自己的虚荣心，他不惜在女孩身上花费重金，他将自己打扮成西部绑匪的样子，腰间别着一把枪。他内心虚无，想当英雄，但是又找不到存在感，只好用这样的方式来补偿。在他被警察抓获的时候，他丝毫没有狡辩，而是全盘承认，还主动交代了很多事。

在对案情供认不讳后，他说自己根本不想活了，认为自己没有活着的必要，对什么都提不起兴趣来。这就是他找不到自己的存在感的表现。

"我不信任何人，有人告诉我，骗子之间是不存在欺骗行为的，但情况完全不是这样，之前我对一个同伙特别仗义，但是他却在背后向我捅刀子。不过，如果我足够富裕的话，我一定本分老实地生活。我很讨厌工作，这辈子我都不想工作。"

他这段话的弦外之音是，他犯罪是因为精神压抑，生活拮据，所以才去偷窃。关于这一点，我们有必要认真分析其中的含义。

"每次偷东西，我并不是为了犯罪，每次，我看到有'目标'的地方，我控制不住我自己，我总是提醒自己赶紧下手，然后迅速逃走。"他认为自己在做这些的时候像个英雄，但其实这根本就是懦夫的行为。

"有一次，我身上有一万多块的珠宝，我当时想卖掉，然后去找个女孩，但不幸的是，我被抓了。我觉得自己好傻啊。"他认为，为女人花钱，能征服女人，得到女人的赞赏。"被抓后，我也学习各种课程，但我可不是为了改过自新、早点出去，我是为了获得更多的作案技巧。"他倒是很诚实，不过他对人类社会存在极大的仇恨情绪，甚至根本不想继续活下去。他甚至还说，未来如果他有孩子，他一定会杀了他，因为他认为，他将这个孩子带到这个世界上，本来就是错误。

那么，我们该如何帮助他呢？唯一的办法就是让他认识到自己的思想错误，帮助他学会与人合作，我们要让他认识到，他之所以会误入歧途，是因为童年经历让他对自己的人生有了误解，只有这样才能真正帮到他。

这是书中的案例，我们并不了解所有的细节，所以只能凭借自己了解到的一些资料大致判断：他应该是家里的长子，一开始被宠爱，但随着家里另外的孩子的诞生，他就失去了焦点地位，而随后，生活中随便发生的一些小事，都能成为阻碍他与人合作的原由。

约翰说，那些在监狱或者劳教所被打骂和折磨的孩子，即使出去了，还是继续仇恨和对抗社会，因为他们会将其视为一种磨砺，他们喜欢挑战，喜欢与社会的对抗。对于那些与世界为敌的罪犯来说，还有什么比对抗社会更刺激的呢？

在家庭教育里道理相同。最糟糕的教育方式，就是让孩子接受挑战，这样他们会形成一种错误的思维方式：我一定要证明，到底谁更厉害。他们想做自己的英雄，因为这一点，一些罪犯认为只要自己足够聪明和小心，就不会被抓住。而同样，在监狱里，千万不可让罪犯迎接挑战，这对帮助他们认识错误丝毫没有帮助。

艰难环境和压力影响犯罪的合作能力

罪犯的行为无非也是想要获得优越感，只不过他们用错了方式。他们在犯罪的过程中获得的东西都是私人的，都是以伤害他人为最终目的的。在他们看来，与人合作是多余的，他们也认为伤害他人没有什么错，所以，我们要想真正分析和了解一个罪犯，就要洞悉他们在合作方面存在的问题。

其实，罪犯也是有合作能力的，只是合作的能力不一样。一些罪犯只是偷窃、抢劫，但是有些罪犯却杀人、放火、强奸等，还有的罪犯会参加犯罪组织，进行有规模的犯罪活动，对于这些，我们首先要了解他们的经历，才能给出具体分析。

前面，我们也谈过，人的性格、经历及人生态度等在其四五岁的时候就已经形成了，所以，想要改变他们并不容易，我们更应该了解他们在这一过程中到底遭遇了什么，才能从根本上纠正他们，在不了解这些的情况下，对罪犯进行再多的劝解，都是毫无意义的。

有资料显示，犯罪率与小麦的价格成正比，但这只是个宏观的数据，并不能证明犯罪全是因为经济拮据造成的，但我们依然可以说，经济形势不好的时候，人们的合作能力会被束缚，而人的忍耐限度一旦到达了某个极限时，就容易朝着错误的方向前进。

人们在顺心如意的时候，是不会犯罪的，只有遇到了意外，才会走错路。此时，他们的人生态度、生活方式和处理问题的动机决定了他们最终采取什么样的行动。

个体心理学在对大量的案例进行分析后得出一个结论：

罪犯对其他人不感兴趣，他们只是在一定程度上跟人合作，而超越了这个界限，在合作受阻的情况下，他们就有可能犯罪。从众多的犯罪案例中，我们也能总结出来，在去除社会问题的情况下，很多罪犯遇到的问题都可以自行解决，而他们之所以最后选择犯罪，是因为他们承受了他们无法承受的社会压力。在本书开头，我们就提到过，个体心理学将生活问题分成三大类：

第一，我们与他人的关系。

其实，罪犯也有朋友，不过他们会选择和自己的同类做朋友，彼此之间保证绝对忠诚，互不出卖。他们的圈子是自己划定好的，因为他们没办法和普通人做朋友，认为他人都很冷漠，所以只能和同类做朋友。

第二，工作中的难题。

我们发现，很多罪犯在回忆关于工作的心得时，都会表现出厌烦或者不满的情绪，他们要么认为工作很糟糕，要么很焦虑，不愿意跟人合作，因为工作就意味着要考虑别人的感受，要承担压力，这是他们所欠缺的。所以，他们不善于合作，也缺乏责任心，最终走上犯罪的道路。其实，这样的情况并不是一天形成的，他们在上学时就这样了，他们不喜欢学习，讨厌和同学合作，他们走入社会，就好比一个什么都不会的人去参加考试，考试成绩自然一塌糊涂。

第三，是婚恋问题。

一段幸福的婚姻需要相爱的两个人来共同经营，我们通过调查发现，一半以上的罪犯，他们在入狱之前都患有性病，在他们看来，伴侣是一种财产，发生性关系，就是占有别人的一种手段，而不是确立终身的关系。

一个人无法健康地成长，很大程度上就是由于不能与人好好地合作。其实，日常生活中，我们时刻都在与人合作，而合作能力的强弱很多时候都体现在我们的言行中，我们发现，那些罪犯好像和正常人就是不一样，他们语言表达和行为似乎被阻滞了。

日常生活中，我们都会用语言来表达自己的思想，而对于罪犯来说，他们有自己的逻辑表达方式，他们的智力没问题，但是他们就是认为自己的方式才是"合情合理"的。

比如，有的罪犯会说："我看到他穿了一条特别不错的裤子，而我没有，我就杀了他，拿到了那条裤子。"对于正常人来说，这种逻辑太可怕了，但是对于罪犯来说，他们认为这种逻辑就是合理的。这样，他们不需要努力，就能得到自己想要的。

最近，我还看到了一则发生在匈牙利的案件，一群妇女被控诉。原来这群妇女用投毒的方式杀了很多人，在被抓到后，一名妇女说："我儿子重病，我需要照顾他，全家人都指着我工作呢，我们都太辛苦了，所以我杀了他，这对于大家都是一种解脱。"

很明显，在艰难的处境下，她放弃了合作，她认为这好像是没有办法的选择。但其实，这是她对生活的一种误解，以至于走上了犯罪的道路。

成长中的问题，父母要与孩子共同面对

我们都知道，成长是一件既快乐又痛苦的事，在任何人的

成长过程中，都会夹杂着这样那样的问题，这些问题，既是孩子的问题，其实也是父母的问题。父母是孩子成长的楷模，而为人父母的过程也是一段成长和修行。因此，真正有心的父母会始终和孩子站在一起，帮助他们共同面对成长中的问题。

从另外一些方面讲，孩子遇到问题，需要我们对孩子脆弱的心灵进行呵护，然而，一些父母，在他们的词典里，错误永远属于孩子。因为他们认为自己就是标准，就是法典，他们可以随意评价孩子、批评孩子，甚至辱骂孩子。其实，犯错误的往往是成人，是孩子的父母。孩子有口难辩，有怨难诉。

在日本，有一本著名的书《孩子没问题，大人有问题》。在这本书中阐述了很多现代社会家长在教育中的问题，这本书的作者认为我们大人仍然面临着成长的艰巨任务，孩子在成长，我们也要成长，与孩子一起成长，是我们父母的重要使命。

作为父母，我们要知道，我们的孩子将来会生活在一个更多元化的社会，他们将会面对职场的激烈竞争，复杂的人际关系，也免不了遭遇情场失意，事业困境……总有一天，我们要先我们的孩子而去，如果孩子没有过硬的心理素质和健康的心理状态，如何在这样激烈的竞争中取胜呢？

所以，作为父母，要时刻观察孩子的行为动态和心理变化，关注他们的身心健康，让孩子感受到来自父母的爱。一旦发现他们出现了心理问题的苗头，就要及时做好指路人，帮孩子疏导心理问题，以防问题积压，酿成大错。

首先，在生活中，父母不要只关心孩子的学习成绩、名次，也要关心他们的情绪变化。比如孩子在学校有没有受到什么委屈，学习上是不是有挫败感，最近跟哪些人打交道等。当然，了解这些问题，我们要通过正面与孩子沟通的方法，不要命令孩子告知，也不可窥探，只有让孩子真正感受到来自父母的关心，他们才愿意向你倾诉想法。

事实上，我们的孩子都是脆弱的、敏感的、容易受伤的，当孩子出现不良情绪时，你要让孩子尽情宣泄，就让他去哭个涕泪滂沱，而不是劝孩子"别哭别哭"，说"男孩子不能哭"这样的话。家长应告诉孩子："我知道你很难过。"或者什么都别说，给孩子独处的空间和时间去消化自己的情绪，帮孩子轻轻带上门就好。

其次，我们要尊重孩子的智力和能力，要有耐心。在和孩子相处的过程中，对于孩子遇到的问题，你不必马上给出答案，应该和孩子一起钻研，与孩子共同解决问题。当孩子存在思考问题上的不足时，不必急于指正，这时我们可以坦率地承认自己也犯过类似错误，然后巧妙地指出孩子的错误，这对培养孩子的自信心有极大的帮助。

另外，当你的孩子正处于困难时期，当他再也无法忍受，感到筋疲力尽无法继续佯装坚强之时，他需要一个藏身之所，某个地方，某个人，成为他最后的庇护所。在这里，他展示真实的自我；在这里，至少在很短的一段时间，没有人要他负责任，他被无条件地接受；在这里，他可以真正放松下来，因为他知道，有人愿意暂时分担他一时的负担，让他得到解脱，是他坚强的后盾。

另外，当孩子遇到成长中的问题时，我们要明白，孩子和成人在遇到困难时会表现出很大的差异，我们在教育孩子时，必须保持严谨的态度，要保证这件事有一个正确的、良好的结果。在孩子的教育和再教育的问题上，只有那些谨慎、深思熟虑及基于客观判断的基础上思考问题的人，才能给出更准确且更积极的教育方式。在教育工作中，勇气固然重要，实践也同样如此，这也是需要我们重视的。无论在什么样的情况下，我们都要找到防止孩子出现问题的方法。

最重要的一点是，要用开放的心态面对，不要因为一些古老的、公认的准则来武断，那些准则已经过时了。事实上，前面我们也提及，要把人格看成是一个统一的整体，而不是只抓住片面进行判断和处理。

显而易见，父母应该是孩子最后的庇护所，因为父母对孩子非常重要，虽然在某些时候或情况下，家长可能觉得自己缺乏足够的情感储备，不能为孩子们提供所需要的慰藉。这个时候，你不用对你的孩子说些什么或者做些什么，而应该好好考虑一下，除了与他保持亲近外，他是否还需要你为他做些什么。要让他恢复对自己的信心，其实并不需要付出太多的努力。另外有几点，也需要我们注意：

（1）当你的孩子在表达希望得到你的原谅时，此时要给孩子一个台阶并接纳他，让他忘记那些难过、痛苦和悲伤的事。

（2）为孩子提供心灵的港湾、庇护孩子，这并不意味着我们应该永远对孩子犯的错或成长中出现的问题视而不见、听之任之。

（3）多考虑孩子的感受，并学会预判孩子的感受，在孩子需要的时候，给他情绪上的支持。

（4）闲暇时光，在没有压力时，找个机会开诚布公地告诉他，在他需要的时候，家永远是他最后的庇护所。

总之，作为父母要明白，家庭教育对孩子极为重要，无论再忙，也要关注孩子的成长，也要重视与孩子沟通，重视与学校老师的沟通。对于孩子成长中遇到的问题，要与孩子一起面对，让他们知道，父母始终是他们最坚实的港湾。

参考文献

[1]阿尔弗雷德·阿德勒. 儿童教育心理学[M]. 北京：中国纺织出版社，2018.

[2]阿尔弗雷德·阿德勒. 儿童成长心理学[M]. 北京：中国法制出版社，2017.

[3]阿尔曼多·S. 卡夫拉. 儿童心理百科[M]. 梁雪樱，吴秀如，译. 北京：化学工业出版社，2013.

[4]阿尔弗雷德·阿德勒. 自卑与超越[M]. 北京：中国纺织出版社，2019.